普通高等教育“十二五”系列教材（高职高专教育）

继电接触器控制线路安装与调试实训教程

主编　尹向东
编写　吕　达　陈允刚
主审　何　萍　崔越斌

中国电力出版社
CHINA ELECTRIC POWER PRESS

内 容 提 要

本书为普通高等教育"十二五"系列教材（高职高专教育）。

本书共分5部分，主要内容包括基础知识与能力、基本技能训练项目、综合技能训练项目、电路设计与思考问答、电工常用仪表的使用及维护等。此外，附录部分包括内外线电工上岗必备知识、维修电工安全用电常识、维修电工国家职业标准、常用电器图形及文字符号等。本教材围绕维修电工职业的活动范围、工作内容、技能要求，以国家维修电工职业标准为依据，遵循岗位相关技术规范，符合职业技能培训要求，既可作为电机控制类课程的实验、实训指导书，也可作为中、高级维修电工继电控制部分的技能培训教程进行选用。

本书适用于高职高专电气自动化、机电一体化、电力系统自动化等专业的学生使用，还可作为其他在职人员参考用书。

图书在版编目（CIP）数据

继电接触器控制线路安装与调试实训教程/尹向东主编．—北京：中国电力出版社，2015.2（2022.6 重印）

普通高等教育"十二五"规划教材．高职高专教育

ISBN 978-7-5123-7012-8

Ⅰ.①继… Ⅱ.①尹… Ⅲ.①继电器-接触器-高等职业教育-教材 Ⅳ.①TM572

中国版本图书馆 CIP 数据核字（2015）第 011101 号

中国电力出版社出版、发行

（北京市东城区北京站西街19号　100005　http：//www.cepp.sgcc.com.cn）

北京雁林吉兆印刷有限公司印刷

各地新华书店经售

*

2015年2月第一版　2022年6月北京第六次印刷

787毫米×1092毫米　16开本　10.5印张　251千字　1插页

定价 **32.00** 元

前　言

继电接触器控制线路安装与调试实训是"电机控制设备的安装调试与维修"课程理实一体化教学的项目之一，也是电气工程系各专业及机械、数控等相关专业学生考取中、高级维修电工职业资格证书必需的训练项目，是将所学的理论知识运用到实践当中解决实际问题的重要教学环节。

继电接触器控制线路安装与调试实训围绕维修电工职业的活动范围、工作内容、技能要求，以国家维修电工职业标准为依据，遵循岗位相关技术规范，符合职业技能培训要求。通过训练，学生应具备下列岗位能力：

（1）劳动保护与安全文明生产的能力；

（2）能够根据工作内容合理选用工具、仪表；

（3）能够根据工作内容正确选用材料，对元器件进行选型；

（4）具备对机械设备电气控制线路的读图与分析能力；

（5）一般机械设备电路的配线与安装能力；

（6）能够对机械设备电气一般性故障进行检修；

（7）学会对电气设备的调试，达到控制要求，具备中、高级维修电工基本能力。

本书由包头职业技术学院电气工程系尹向东担任主编，吕达、陈允刚编写。尹向东编写了第 1、3、4 部分，吕达编写了第 2、5 及附录部分。

本书由包头职业技术学院电气工程系何萍担任主审，北方重工集团维修电工高级技师崔越斌也对全书进行了审阅。同时，在本书编写过程中得到了多位教师同仁、企业专家的帮助，提出了许多宝贵的意见，在此一并致谢。

限于编者水平，加之时间紧张，书中难免有不妥及疏漏之处，敬请广大读者批评指正。

编　者

2015 年 1 月

目　录

基础知识与能力

1.1 电气装配实训台安全操作规程

继电接触器控制线路安装与调试实训要把安全放在第一位。首先是人身安全，为了防止实训中触电事故的发生，所有实训人员必须严格遵守安全用电制度和操作规程。

本书中所有实训项目均在图 1-1 所示的电气装配实训装置上完成。图 1-2 为实训台控制屏示意图，图 1-3 为器件装配网孔板示意图。实训前，请学生必须认真阅读以下操作规范。

图 1-1 电气装配实训台外形结构

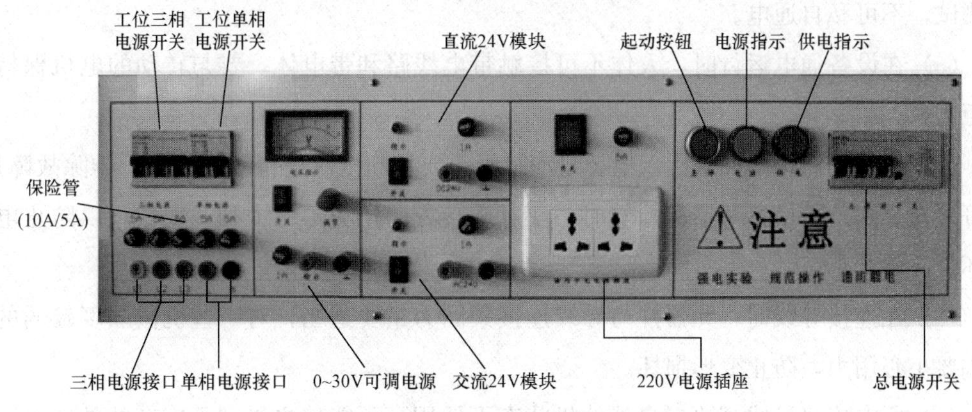

图 1-2 电气装配实训台控制屏示意图

(1) 电气装配实训台电源控制屏提供电压分别为 380V、220V、交流 24V、直流 24V、可调 0～30V 电源，使用中注意电压类别与等级。

(2) 总电源应由实训指导老师来控制，其他人员只能经指导老师允许后方可操作，不得自行合闸。

图 1-3 器件装配网孔板示意图

(3) 接线或拆线都必须在切断电源的情况下进行。

(4) 主、控线路接线完成后，需注意各接线端是否露铜过长或有毛刺现象，然后在断电情况下，先用万用表欧姆挡测试控制线路有无短路或开路故障。

(5) 断电检查后，确信无误需通电测试时，首先清理工作台面并通知指导教师，在指导教师监护下，先闭合控制线路电源进行测试，正确后再合上主线路电源进行电机运转测试，不可私自通电。

(6) 在设备通电运行时，人体不可接触带电线路和带电体，要与转动的电机保持安全距离。

(7) 在带电运行中如果出现电源自动跳闸，要切断电源进行故障检查，排除故障后，方可再次合闸。更换熔断器保险管时，注意旋转方向用力不可太猛、太快，以防止电源损坏。

(8) 在连接导线时，元器件与导线连接紧固力量要适当，对一些机械强度较弱的接线端要小心用力，防止变形损坏。

(9) 所有连接导线都要在自然放松状态下使用，不能使之受到不应有的外力，主线路和控制线路在施工中要求使用两种颜色导线来进行区分。

(10) 实训中所有学生应穿戴好工作服、绝缘鞋，女生戴工作帽，长发女生将长发扎起来，以防长发卷入旋转的机械装置中。

(11) 严格遵守实训装置的通电顺序和断电顺序。

1.2 常用低压电器的选用

为了生产销售、管理和使用方便，我国对各种低压电器都按规定编制型号，低压电器的全型号即由类别代号、组别代号、设计代号、基本规格代号和辅助规格代号几部分构成。每一级代号后面可根据需要加设派生代号。产品全型号的意义如图 1-4 所示。

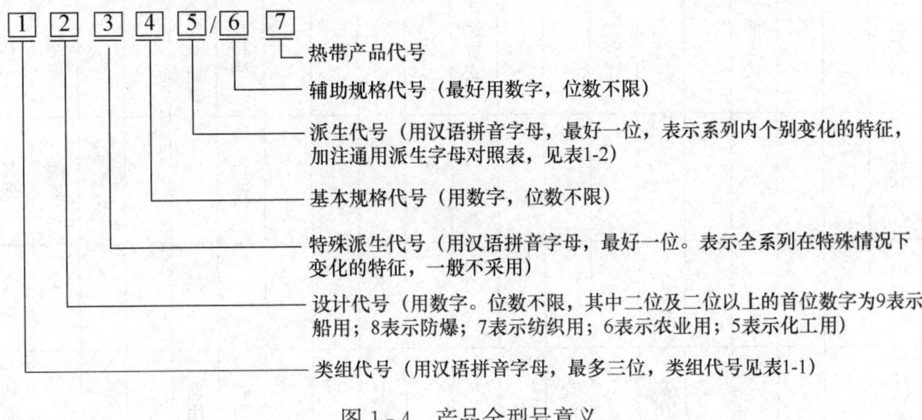

图 1-4 产品全型号意义

低压电器全型号各部分必须使用规定的符号或数字表示，其含义为：

（1）类组代号包括类别代号和组别代号，用汉语拼音字母表示，代表低压电器元件所属的类别，以及在同一类电器中所属的组别。

（2）设计代号用数字表示，代表同类低压电器元件的不同设计序列。

（3）基本规格代号用数字表示，代表同一系列产品中不同的规格品种。

（4）辅助规格代号用数字表示，代表同一系列、同一规格产品中的有某种区别的不同产品。

其中，类组代号与设计代号的组合表示产品的系列，一般称为电器的系列号。同一系列的电器元件的用途、工作原理和结构基本相同，而规格、容量则根据需要可以有许多种类。

例如：JR16 是热继电器的系列号，同属这一系列的热继电器的结构、工作原理都相同；但其热元件的额定电流从零点几安到几十安，有十几种规格。其中辅助规格代号为 3D 的有三相热元件，装有差动式断相保护装置，因此能对三相异步电动机有过载和断相保护功能。低压电器类组代号及派生代号的意义见表 1-1 和表 1-2。

表 1-1　　低压电器产品型号类组代号

代号	名称	A	B	C	D	G	H	J	K	L	M	P	Q	R	S	T	U	W	X	Y	Z
H	刀开关和转换开关				刀开关		封闭式负荷开关		开启式负荷开关					熔断器式刀开关	刀形转换开关				其他		组合开关
R	熔断器			插入式			汇流排式			螺旋式	封闭管式				快速	有填料管式			限流	其他	
D	自动开关										灭磁				快速			框架式	限流	其他	塑料外壳式
K	控制器					鼓形						平面				凸轮				其他	
C	接触器					高压		交流				中频			时间	通用				其他	直流
Q	起动器	按钮式		磁力				减压							手动		油浸		星三角	其他	综合
J	控制继电器									电流				热	时间	通用		温度		其他	中间
L	主令电器	按钮						接近开关	主令控制器						主令开关	足踏开关	旋钮	万能转换开关	行程开关	其他	
Z	电阻器		板形元件	冲片元件	铁铬铝带型元件	管形元件									烧结元件	铸铁元件			电阻器	其他	
B	变阻器			旋臂式						励磁		频敏	起动		石墨	起动调速	油浸起动	液体起动	滑线式	其他	
T	调整器				电压																

续表

代号	名称	A	B	C	D	G	H	J	K	L	M	P	Q	R	S	T	U	W	X	Y	Z
M	电磁铁												牵引					起重		液压	制动
A	其他	触电保护器	插销	灯			接线盒			电铃											

表 1-2　　低压电器产品型号派生代号

派生字母	代表意义	
A、B、C、D……	结构设计稍有改进或变化	
C	插入式	
J	交流、防溅式	
Z	直流、自动复位、防震、重任务、正向	
W	无灭弧装置，无极性	
N	可逆、逆向	
S	有锁住机构、手动复位、防水式、三相、三个电源、双线圈	
P	电磁复位、防滴式、单相、两个电源、电压的	
K	保护式、带缓冲装置	
H	开启式	
M	密封式、灭磁、母线式	
Q	防尘式、手车式	
L	电流的	
F	高返回、带分励脱扣	
T	按（湿热带）临时措施制造	此项派生字母加注在全型号之后
TH	湿热带	
TA	干热带	

低压电器的用途广泛，功能多样，种类繁多，结构各异。常用的低压电器的分类见表 1-3。

表 1-3　　常用低压电器分类

分类方法	类　别	说　明	举　例
按低压电器的用途和所控制的对象	低压配电电器	主要用于低压配电系统及动力设备中电能的输送和分配的电器	低压开关、低压熔断器、断路器等
	低压控制电器	主要用于电力拖动及自动控制系统中各种控制线路和控制系统的电器	接触器、起动器、控制继电器、控制器、主令电器、电阻器、变阻器、电磁铁、保护器等

续表

分类方法	类　别	说　明	举　例
按低压电器的动作方式	自动切换电器	依靠电器本身参数的变化或外来信号的作用自动完成接通或分断等动作的电器	接触器、继电器等
	非自动切换电器	主要依靠外力（如手控）直接操作来进行切换的电器	按钮、低压开关等
按低压电器的执行机构	有触点开关电器	具有可分离的动触点和静触点，主要利用触点的接触和分离来实现线路的接通和断开控制	接触器、继电器等
	无触点开关电器	没有可分离的触点，主要利用半导体元器件的开关效应来实现线路的通断控制	接近开关、固体继电器等

1.2.1 低压断路器

低压断路器又称自动开关、空气开关，是低压配电网络和电力拖动系统中非常重要的一种电器。当电路发生故障时能自动切断电路，有效地保护串接在它后面的电气设备。在正常情况下，用于不频繁地接通和断开电路及控制电机运行状态。常见的故障保护功能有过电流（含短路）保护、欠电压保护、过载保护等。由于使用方便、操作安全、工作可靠，因此是目前使用最广泛的低压电器之一。

（1）低压断路器按照结构形式分为框架式和塑料外壳式两大类。框架式断路器为敞开式结构，适用于大容量配电装置；塑料外壳式断路器的特点是外壳用绝缘材料制作，具有良好的安全性，广泛用于电气控制设备及建筑物内作电源线路保护。

低压断路器由触点系统、灭弧装置、各种可供选择的脱扣器与操作机构、自由脱扣机构等部分组成。低压断路器所装脱扣器主要有电磁脱扣器（用于短路保护）、热脱扣器（用于过载保护）、失压脱扣器以及由磁和热脱扣器组合而成的复式脱扣器。

（2）低压断路器类型包括：DW15、DW16、DW17、DW15HH 等系列万能式断路器，DZ5、DZ10、DZ20、DZ47 等系列塑壳式断路器，带漏电保护功能的 DZL18、DZL19、DZ47LE 等系列漏电断路器。

（3）低压断路器的选用：

1）根据线路对保护的要求确定断路器的类型和保护形式，确定选用框架式或装置式。

2）低压断路器额定电压和额定电流大于等于线路的正常工作电压和计算负载电流。

3）热脱扣器的整定电流应等于所控制负载的额定电流。

4）电磁脱扣器的瞬时脱扣整定电流应大于负载正常工作时可能出现的峰值电流。

5）用于控制电机的断路器，其瞬时脱扣整定电流可按下式选择，即

$$I_Z \geqslant K I_{St}$$

式中 K——安全系数，可取 1.5～1.7；

I_{St}——电动机的启动电流。

6）欠电压脱扣器额定电压应等于线路额定电压。

7）断路器的极限通断能力应不小于线路最大短路电流。

8）配电线路上、下级保护特性应匹配。

9）断路器的长延时脱扣电流应小于导线允许持续电流。

（4）DZ5 系列塑料外壳式断路器型号意义如下：

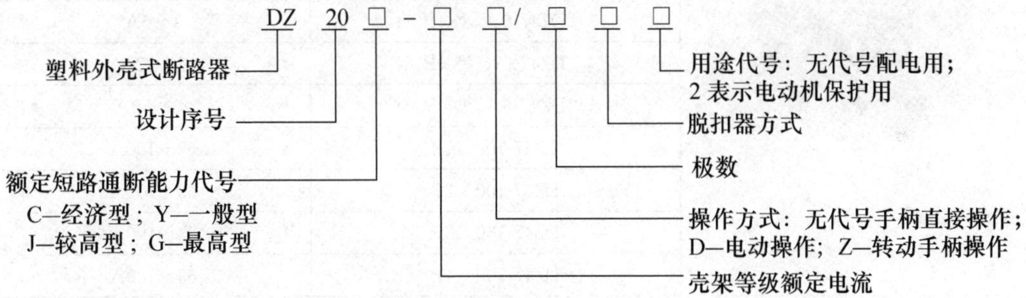

DW 系列万能式低压断路器型号意义如下：

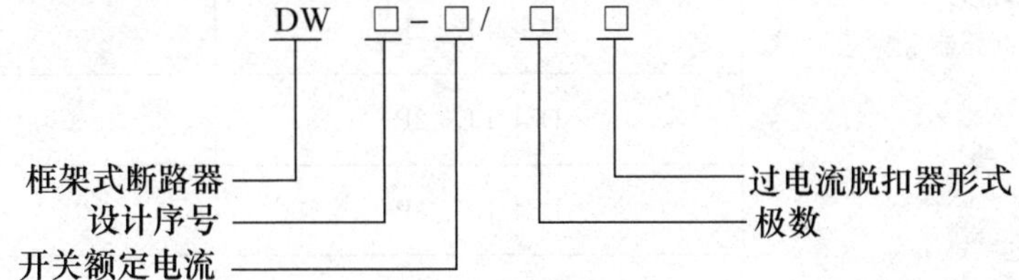

部分产品名称、型号及规格见表 1-4，具体使用可参阅各生产厂家产品目录。

表 1-4　　断路器名称、型号及规格

产品名称	型号	脱扣器额定电流
DZ20 塑壳式断路器	DZ20C-160	16A 20A 32A 40A 50A 63A 80A 100A 200A
	DZ20Y-100	
	DZ20J-100	
	DZ20G-100	
	DZ20C-250	
	DZ20Y-200	
	DZ20J-200	

续表

产 品 名 称	型 号	脱扣器额定电流
DZ47 小型断路器	DZ47-63C 型 1P	1～5A
	DZ47-63C 型 1P	6～32A
	Z47-63C 型 1P	40～63A
	DZ47-63C 型 2P	1～5A
	DZ47-63C 型 2P	6～32A
	DZ47-63C 型 2P	40～63A
	DZ47-63C 型 3P	1～5A
	DZ47-63C 型 3P	6～32A
	DZ47-63C 型 3P	40～63A
	DZ47-63C 型 4P	1～5A
	DZ47-63C 型 4P	6～32A
	DZ47-63C 型 4P	40～63A
	DZ47-100 1P	63～100A
	DZ47-100 2P	63～100A
	DZ47-100 3P	63～100A
	DZ47-100 4P	63～100A
DZ47LE 漏电断路器	DZ47LE 1P+N	40～63A
	DZ47LE 2P	6～32A
	DZ47LE 2P	40～63A
	DZ47LE 3P	6～32A
	DZ47LE 3P	40～63A
	DZ47LE 3P+N	6～32A
	DZ47LE 4P	40～63A
	DZ47LE 4P	6～32A

1.2.2 熔断器

熔断器是低压配电网络和电力拖动系统中最简单、最常用的一种安全保护电器，广泛应用于电网及用电设备的短路保护或过载保护。当线路或电气设备发生短路或严重过载时，通过熔断器的电流达到或超过了某一规定值时，熔体熔断自动切断电路，从而使线路或电气设备脱离电源，起到保护作用。

1. 主要技术参数

熔断器的主要技术参数有额定电压、额定电流、极限分断能力等。

熔断器的额定电压是指熔断器长期正常工作时能够承受的电压。其额定电压值一般等于或大于电气设备的额定电压。

熔断器的额定电流是指熔断器长期正常工作时的电流，各部件温升不超过规定值时所能承受的电流，它与熔体的额定电流是两个不同的概念。熔断器的额定电流等级比较少，熔体的额定电流比较多，通常一个额定电流等级的熔断器可以配用若干个额定电流等级的熔体，但熔体的额定电流最大不能超过熔断器的额定电流值。

熔断器的极限分断能力通常是指熔断器在额定电压及一定功率因素条件下，能分断的最大短路电流值。在电路中出现的最大电流值一般是指短路电流值。因此，极限分断能力也是反映了熔断器分断短路电流的能力，体现了短路瞬间保护特性。

熔断器对过载反应是很不灵敏的，当电气设备发生轻度过载时，熔断器将持续很长时间才熔断，有时甚至不熔断。因此，熔断器一般不宜作为过载保护，主要作为短路保护。

2. 常用的熔断器类型

常用的熔断器类型有瓷插式熔断器 RC1A 系列、无填料封闭管式熔断器 RM10 系列、有填料封闭管式熔断器 RT0 系列、螺旋式熔断器 RL1 系列、快速熔断器 RS 系列、自复式熔断器 RZ1 系列。

3. 熔断器的选择

额定电压选择为

$$U_N \geqslant U_{max}$$

式中 U_N——熔断器额定电压，V；

U_{max}——被保护线路工作电压，V。

额定电流选择：熔断器的额定电流应大于或等于熔体的额定电流。

熔体额定电流选择：

（1）负载较平稳，无尖峰电流，如照明电路电阻电路负载出现尖峰电流，则

$$I_{RN} \geqslant I_N$$

式中 I_{RN}——熔体的额定电流；

I_N——负载的额定电流。

（2）保护单台电动机时，有

$$I_{RN} \geqslant (1.5 \sim 2.5) I_N$$

式中 I_N——电动机额定电流。

(3) 保护多台电动机时，有

$$I_{RN} \geqslant (1.5 \sim 2.5) I_{max} + \sum I_N$$

式中　I_{max}——最大一台电动机额定电流；

$\sum I_N$—— 其余电动机额定电流之和。

4. 熔断器的型号及意义

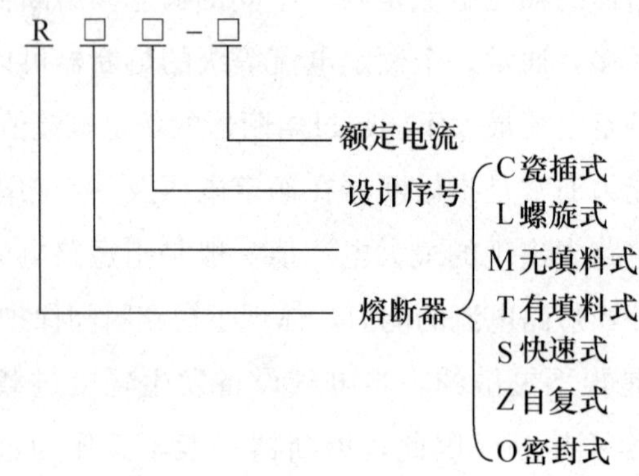

部分产品名称、型号及规格如表 1-5 所示，具体使用可参阅各生产厂家产品目录。

表 1-5　　熔断器名称、型号及规格

产品名称	型号
RTO有填料管式熔断器（体）	RTO-50
	RTO-100
	RTO-200
	RTO-400
	RTO-600
	RTO-1000
RTO有填料管式熔断器（座）	RTO-50
	RTO-100
	RTO-200
	RTO-400
	RTO-600
	RTO-1000
RT14 圆筒帽形熔断器（体）	RT14-20
	RT14-32
	RT14-63

续表

产品名称	型号
RT14 圆筒帽形熔断器（座）	RT14-20
	RT14-32
	RT14-63
RT18 圆筒帽形熔断器（体）	RT18-32
	RT18-63
RT18 圆筒帽形熔断器（座）	RT18-32 1P
	RT18-32 2P
	RT18-32 3P
	RT18-32X 1P/2P/3P
	RT18-63 1P/2P/3P
	RT18-63X 1P/2P/3P
RL1 螺旋式熔断器（体）	RL1-15
	RL1-60
	RL1-100
	RL1-200
RL1 螺旋式熔断器（座）	RL1-15
	RL1-60
	RL1-100
	RL1-200

1.2.3 交流接触器

交流接触器是电力系统和自动控制系统中应用非常广泛的一种自动切换电器，用在正常条件下频繁地接通或断开交直主电路及大容量控制电路，主要用于控制电机、无感或微感电力负荷以及电力设备。它还具有欠电压、零电压释放保护功能，并且可以实现远距离控制，同时还具有控制容量大、工作可靠、操作频率高、使用寿命长、体积较小等优点，因此在电力拖动系统中得到广泛应用。

1. 交流接触器的结构

(1) 电磁机构。由线圈、动铁心（衔铁）和静铁心组成，其作用是将电磁能转换成机械能，产生电磁吸力带动触点动作。

(2) 触点系统。它包括主触点和辅助触点。主触点用于通断主线路，通常为三对常开触点。辅助触点常用于控制回路，起电气联锁作用，又称联锁触点，一般常开、常闭各两对。

(3) 灭弧装置。容量在10A以上的接触器都有灭弧装置，对于小容量的接触器常采用双断口触点灭弧、电动力灭弧、相间隔板弧。对于大容量的接触器，采用纵缝灭弧罩及栅片灭弧。

(4) 其他部分。其他部分主要包括反作用弹簧、缓冲弹簧、触点压力弹簧、传动机构及外壳。

2. 交流接触器的基本参数

(1) 额定电压。它是指主触点额定工作电压，等于负载的额定电压。

(2) 额定电流。接触器触点在额定工作条件下的电流值。常用的额定电流等级为10、20、40、60、100、150、250、400、600A。

(3) 接通和分断能力。它可分为最大接通电流和最大分断电流。最大接通电流是指触点闭合不会造成触点熔焊时的最大电流值，最大分断电流是指触点断开时能可靠灭弧的最大电流。一般通断能力是额定电流5～10倍。

(4) 吸引线圈额定电压。接触器正常工作时，吸引线圈上所加的电压值。一般该电压数值标于线圈上，而不标于接触器外壳铭牌上，使用时应加以注意。

(5) 操作频率。一般是指每小时允许操作的最大值，有300、600、1200次/h等几种。

(6) 寿命。它包括电气寿命和机械寿命。目前，交流接触器的机械寿命已达1000万次，电气寿命约为机械寿命的5%～20%。

3. 接触器的选用

依据接触器所控制负载的使用类别、工作性质、负载轻重、电流类别选择接触器类别；依据被控对象的功率和操作情况，确定接触器的容量等级；依据控制回路要求选择线圈的参数；依据使用地点周围环境选择相应的规格。由于被控对象千差万别，难以有简单统一的选择方法，通常要注意下列参数的确定：

（1）接触器主触头额定工作电压，要求大于或等于主电路额定电压。

（2）接触器吸引线圈额定电压及工作频率。要求两者必须与接入此线圈的控制电路的额定电压及频率相等。

（3）额定电流等级确定。接触器的额定电流应大于或等于负载的额定电流。还应注意的是接触器主触头的额定工作电流是在规定条件下（额定工作电压、使用类别、操作频率等）能够正常工作的电流值，主触头的额定工作电流应大于或等于负载的电流。当实际使用条件不同时，这个电流值也将随之改变。按轻任务使用类别设计的接触器用于重任务时，应降低容量使用，如降一个等级使用。对反复短时工作的接触器，其额定电流应大于负载的等级热稳定电流，对于电动机负载，接触器主触头额定电流常按下列经验公式来计算，即

$$I_N=\frac{P_N\times 10^3}{KU_N}$$

式中 K——经验系数，$K=1\sim1.4$；

I_N——主触头额定电流，A；

P_N——电动机的额定功率，W；

U_N——电动机的额定电压，V。

（4）吸引线圈的额定电压。其应与控制电路电压相一致，接触器在线圈额定电压85％～105％时应该可靠地吸合。

（5）选择接触器型号时，要同时考虑负载、主电路、控制电路的要求来确定型号与触头数量。

4. 交流接触器型号及意义

CJ 系列交流接触器型号及意义如下：

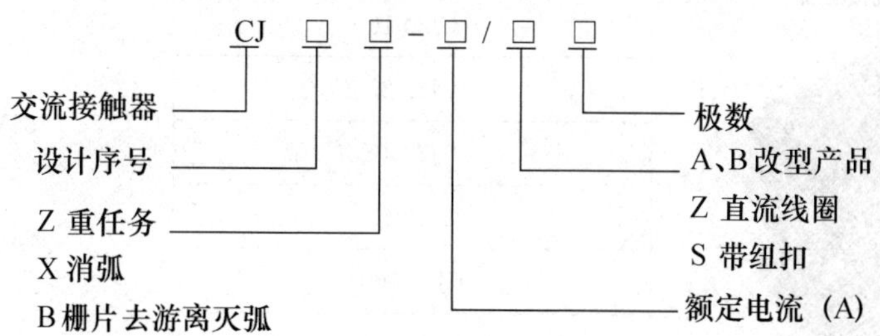

CDC系列交流接触器型号及意义如下：

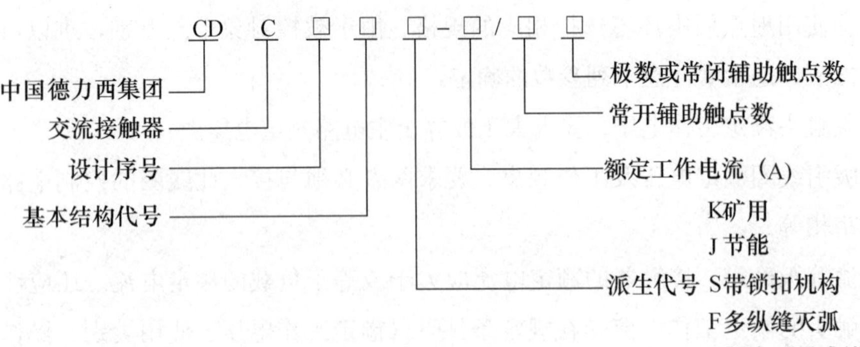

B系列交流接触器型号及意义如下：

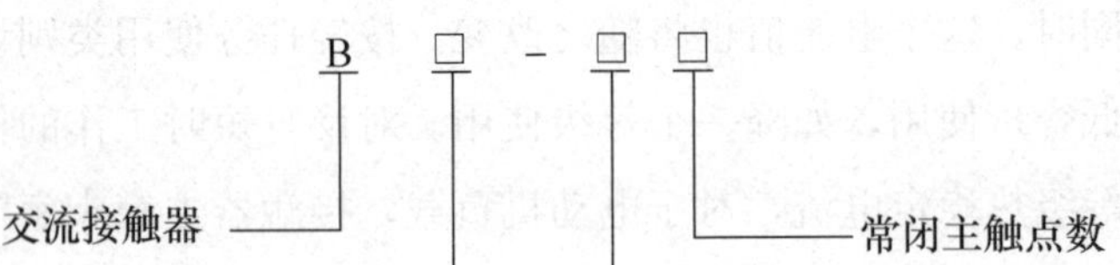

部分产品名称、型号及规格见表1-6，具体使用可参阅各生产厂家产品目录。

表1-6　　交流接触器名称、型号及规格

产品名称	型号	线圈额定工作电压（AC）
CJ10交流接触器	CJ10-10	36V 110V 127V 220V 380V
	CJ10-20	
	CJ10-40	
	CJ10-60	
	CJ10-80	
	CJ10-100	
	CJ10-150	
CJ20交流接触器	CJ20-10	36V 110V 127V 220V 380V
	CJ20-16	
	CJ20-25	
	CJ20-40	
	CJ20-63	
	CJ20-100	
	CJ20-160	
	CJ20-250	

续表

产品名称	型号	线圈额定工作电压（AC）
CJ40 交流接触器	CJ40-32	36V 110V 127V 220V 380V
	CJ40-40	
	CJ40-50	
	CJ40-63	
	CJ40-80	
	CJ40-100	
	CJ40-200	
	CJ40-250	
CJX2 交流接触器	CJX2-0901	220V 380V
	CJX2-1801	
	CJX2-3201	
	CJX2-4011	
	CJX2-5011	
	CJX2-6511	
	CJX2-9511	

1.2.4 继电器

继电器是一种根据某种输入信号变化，而接通和断开控制电路，实现控制目的的自动切换电器。它主要用于控制回路中。继电器按用途可分为控制继电器、保护继电器；按反应信号不同可分为中间继电器、时间继电器、热继电器、电流继电器、电压继电器、速度继电器、固体继电器等。

1. 中间继电器

（1）中间继电器实质上是一种电压继电器，由电磁机构和触点系统组成。其工作原理为：当线圈电压外加额定电压时，电磁机构衔铁吸合，带动触头闭合。

（2）中间继电器类型：电磁式继电器有 JZC1 系列、JZC4 系列；接触器式中间继电器有 JZ7 系列、DZ-644 型和 DZ-650 型等中间继电器。

（3）中间继电器的主要技术参数：触头动作电流、动作时间、线圈工作电压等。

中间继电器的结构：与接触器相似。

（4）中间继电器的选择：中间继电器主要依据控制电路的电压等级、触点的数量、种类及容量来选择。

（5）JZC4 系列中间继电器的型号及意义如下：

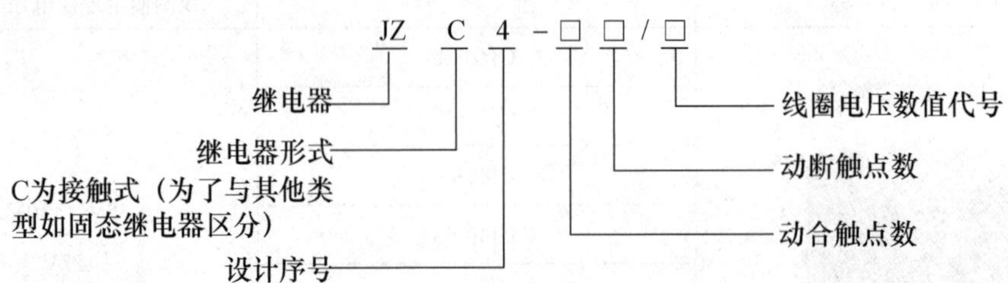

部分产品名称、型号及规格见表 1-7，具体使用可参阅各生产厂家产品目录。

表 1-7　　中间继电器名称、型号及规格

产品名称	型号	线圈额定工作电压（AC）
JZ7 系列中间继电器	JZ7-44	36V 110V 127V 220V
	JZ7-53	
	JZ7-62	
	JZ7-80	
JZC4 系列中间继电器	JZC4-04	36V 110V 127V 220V 380V
	JZC4-13	
	JZC4-22	
	JZC4-31	
	JZC4-40	

2. 时间继电器

时间继电器是一种按照时间原则工作的继电器，根据预定时间来接通或分断电路。

（1）时间继电器的延时类型有通电延时型和断电延时型两种形式；其结构分为空气式、电动式、电子式等。

1）空气式时间继电器。空气式时间继电器由电磁系统、触点系统、空气室和传动机构等部分组成。它是通过空气的阻尼作用来实现延时的（利用空气通过小孔节流的原理来获得延时动作）。

其中电磁系统包括线圈、衔铁、铁心、反力弹簧及弹簧片等；触点系统包括两对瞬

时触头（一对瞬时闭合，一对瞬时断开）和两对延时触头；空气室内有一块橡皮膜和活塞随空气量的增减而移动，空气室有调节螺钉可以调节延时的长短；传动机构由推板推杆、杠杆及宝塔弹簧组成。常用空气式时间继电器JS7-A系列有通电延时和断电延时两种类型。

2）电动式时间继电器。电动式时间继电器由同步电机、齿轮减速机构、电磁离合系统及执行机构组成，电动式时间继电器延时时间长，可达数十小时，延时精度高，但结构复杂，体积较大，常用产品有JS10、JS11系列和7PR系列。

3）电子式时间继电器。电子式时间继电器有晶体管式（阻容式）和数字式（又称计数式）等两种不同的类型。晶体管式时间继电器是基于电容充、放电工作原理延时工作的。数字式时间继电器由脉冲发生器、计数器、数字显示器、放大器及执行机构组成。常用晶体管式时间继电器有JS14、JS20、JSF、JSMJ、JJSB、ST3P等系列。常用数字式时间继电器有JSS14、JSS20、JSS26、JSS48、JS11S等系列。

（2）时间继电器的主要技术参数：延时范围、工作电压、触点额定电流。

（3）时间继电器的选用。其主要根据控制电路所需的延时方式和参数问题，选用时要考虑以下几个方面：

1）延时方式的选择：时间继电器有通电延时和断电延时两种，应根据控制电路的要求来选择。

2）类型选择：对延时精度要求不高的场合，可采用空气阻尼式时间继电器；对延时精度要求较高的场合，可采用电子式时间继电器。

3）线圈电压的选择：根据控制电路电压来选择时间继电器吸引线圈电压。

4）电源参数变化的选择：在电源电压波动大的场合，采用空气阻尼式或电动式时间继电器比采用晶体管式好；而在电源频率波动大的场合，不宜采用电动式时间继电器，在温度变化较大的场合，则不宜采用空气阻尼式时间继电器。JS7型空气式时间继电器4种形式见表1-8。

表1-8　JS7型空气式时间继电器形式

型号	延时动作				瞬时动作触头数量	
	线圈通电延时		线圈断电延时		动断	动合
	动断	动合	动断	动合		
JS7-1A	1	1	—	—	—	—
JS7-2A	1	1	—	—	1	1
JS7-3A	—	—	−1	−1	—	—
JS7-4A	—	—	−1	−1	1	1

（4）JS7-1A 系列时间继电器的型号及意义如下：

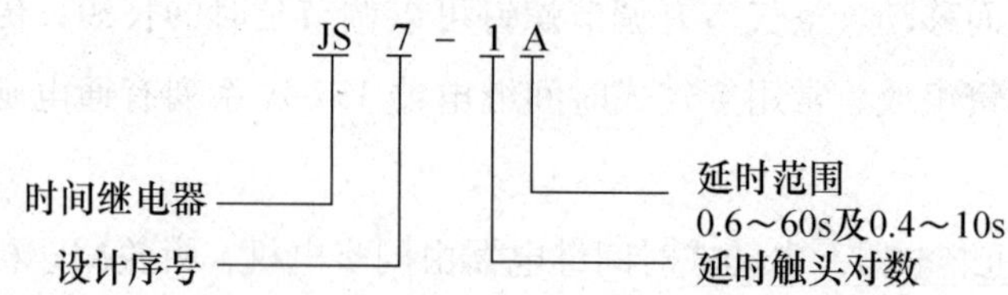

部分产品名称、型号及规格见表 1-9，具体使用可参阅各生产厂家产品目录。

表 1-9　　时间继电器名称、型号及规格

产品名称	型号	规格
空气式时间继电器	JS7-1A	全规格
	JS7-2A	全规格
	JS7-3A	全规格
	JS7-4A	全规格
晶体管式时间继电器	JS14A	全规格
	JS14A-M	全规格
	JS14A-Y	全规格
	JS20	特殊规格 DC220V
	JS120-M	全规格
	JSMJ	全规格
	JSF	全规格
数字式时间继电器	JSS20-11AM	延时时间 9.9～99s
		延时时间 9.9～99s
	JSS20-21AM	延时时间 9.9～99s
		延时时间 9.9～99s
	JSS20-48AM	延时时间 9.9～99s
		延时时间 9.9～99s
	JSS1-01～07	延时时间 0.1～99s
		延时时间 0.1～990s
		延时时间 1～990s
		延时时间 0.1～99s
		延时时间 0.1～999s
		延时时间 0.1～999s

3. 热继电器

热继电器是用来对连续运行的电动机进行过载保护的一种保护电器，以防止电动机过热而烧毁。大部分热继电器除了具有过载保护功能以外，还具有断相保护、温度补偿、自动与手动复位功能。

（1）热继电器的结构。热继电器主要由双金属片、加热元件、动作机构、触点系统、整定装置及手动复位装置组成。工作时，其常闭触头串接在控制回路，热元件接在电动机的主回路。双金属片作为温度检测元件，由两种膨胀系数不同的双金属片压焊而成，电动机正常运行时电流较小，热元件产生热量不会使双金属片产生较大的弯曲，故热继电器正常工作时不动作；当电机过载时，流过热元件的电流加大，经过一定时间，热元件产生的热量使双金属片的弯曲程度超过一定值时，就通过导板推动热继电器的触头动作（动断触头断开、动合触头闭合），其串接在接触器线圈电路的动断触头切断了线圈电流，使电动机主电路断开，从而实现过载保护。

（2）热继电器的保护方式。热继电器的保护方式有两相和三相保护两大类，两相保护的热继电器装有两个发热元件，分别串接在三相电路的两相中。当三相平衡较好时可用两相保护，否则采用三相保护热继电器，以保证反映任何一相过载。

热继电器不能作为短路保护，因为双金属弯曲要有一个时间过程，其动作时间特性不能满足分断故障电流的速度要求。

（3）热继电器主要技术参数及常用型号。热继电器主要技术参数有热继电器额定电流、相数、热元件额定电流、整定电流及调节范围等。热继电器的额定电流是指热继电器可以安装热元件的最大额定电流值，热元件的额定电流是指热元件的最大整定电流值，热继电器的整定电流是指热元件能够长期通过而不会引起热继电器动作的最大电流值。用于电动机热保护继电器的常用系列有 JR16、JR20、JR28、JR36 系列热继电器，NRE6、NRE8 系列电子式过载继电器。

（4）热继电器的选用。选用热继电器时要注意下列几点：

1）根据电动机额定电压和额定电流计算出热元件的电流范围，然后选型号及电流等级。

2）根据热继电器与电动机的安装条件不同、环境不同，对热元件电流做适当调整。如高温场合热元件的电流应放大 1.05～1.20 倍。在一般的情况下，热元件的整定电流为电动机额定电流的 0.95～1.05 倍。如果电动机的过载能力较差，热元件的整定电流可取为电动机额定电流 0.6～0.8 倍。另外，整定电流应留有一定的上下限调整范围。

3）设计成套电气装置时，热继电器尽量远离发热电器。

4）对于重载起动、频繁正反转及带反接制动等运行的电动机（如桥式起重机等设备），一般不用热继电器作过载保护，采用过电流继电器作过载保护。

JR20 系列的热继电器型号和意义如下：

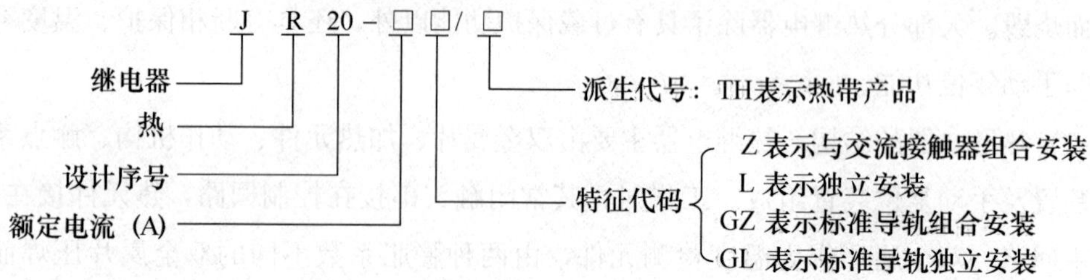

部分产品名称、型号及规格见表 1 - 10，具体使用可参阅各生产厂家产品目录。

表 1 - 10　　　　热继电器名称、型号及规格

产品名称	型号
JR28（LR2）系列热继电器	JR28-25（LR2）D1301
	JR28-25（LR2）D1304
	JR28-25（LR2）D1305
	JR28-25（LR2）D1306
	JR28-25（LR2）D1307
	JR28-25（LR2）D1308
	JR28-25（LR2）D1310
	JR28-25（LR2）D1312
	JR28-40（LR2）D2353
	JR28-40（LR2）D2355
	JR28-93（LR2）D3353
	JR28-93（LR2）D3355
	JR28-93（LR2）D3357
	JR28-93（LR2）D3359
	JR28-93（LR2）D3361
	JR28-93（LR2）D3363
	JR28-93（LR2）D3365

续表

产 品 名 称	型 号
JR29（LR2）系列热继电器	JR29-16（T16）
	JR29-25（T25）
	JR29-45（T45）
	JR29-85（T85）
	JR29-105（T105）
	JR29-170（T170）
	JR29-250（T250）
	JR29-370（T370）

4. 电流、电压继电器

电流继电器是根据输入（线圈）电流值大小变化来控制输出触头动作的继电器。电流继电器分为过电流继电器和欠电流继电器。过电流继电器是当被测电路发生短路或过电流（超过整定电流）时，输出触头动作；欠电流继电器是当被测电路电流过低时，输出触头复位。

电压继电器是根据输入电压大小而动作的继电器。电压继电器分为过压继电器、欠压继电器和零电压继电器。过电压继电器是当电路电压大于其整定值时动作的电压继电器，主要用于对电路或设备作过电压保护。欠电压继电器和零压继电器在线路正常工作时，铁心和衔铁是吸合的，当电压降至低于整定值时，触头动作对电路实现欠电压和零压电压保护。

图 1-5 过流继电器

常用的型号有 JT4 系列交流通用继电器和 JL14 系列直流通用继电器。JT4 系列交流通用继电器，在其电磁系统上装上不同的线圈，就可得到过电流、欠电流、过电压或欠电压等继电器。图 1-5 所示为过流继电器。

（1）电流、电压继电器的选用：

1）过电流继电器线圈的额定电流应大于或等于电动机的额定电压。

2）过电流继电器触头种类、数量、额定电流应满足控制电路的要求。

3）过电流继电器的动作电流一般为电动机额定电流的 1.7～2 倍；频繁启动时，为电动机额定电流的2.25～2.5倍。

(2) 欠电流继电器的选择：

1) 欠电流继电器线圈的额定电流应大于或等于直流电动机励磁绕组的额定电流。

2) 欠电流继电器的吸合动作电流应小于或等于直流电动机励磁绕组额定电流80%。

3) 欠电流继电器的释放动作电流应小于直流电动机最小励磁电流的80%。

(3) 欠电压继电器的选择：

1) 欠电压继电器线圈的额定电压应等于电源电压。

2) 欠电压继电器的触头种类、数量应满足控制电路的要求。

5. 速度继电器

速度继电器是当转速达到规定值时动作的继电器，速度继电器又称为反接制动继电器，它是根据电磁感应原理制成，多用于三相交流异步电动机的制动控制。速度继电器的作用是与接触器配合，当电动机反接制动过程结束，转速过零时，自动切除反相序电源，以保证电动机可靠停车，从而实现对电动机的制动。

速度继电器由转子（永久磁钢）、浮动的定子、触点三部分组成，如图1-6所示。

图1-6 速度继电器

常用的速度继电器有JY1系列、JFZO系列。JY1型速度继电器能以3000r/min可靠地进行工作，应用很广泛。JFZO型速度继电器有JFZO-1型和JFZO-2型两种。JFZO-1型速度继电器的适用范围为300～1000r/min，JFZO-2型速度继电器的适用范围为1000～3000r/min。

6. 固体继电器

固体继电器是20世纪70年代后期发展起来的一种新型无触头继电器，可以取代传统的继电器和小容量接触器。固体继电器与通常的电磁继电器不同，它无触点、输入电路与输出电路之间光（电）隔离，由分立元件、半导体微电子电路芯片和电力电子器件组装而成，以阻燃型环氧树脂为原料，采用灌封技术将其封闭在外壳中与外界隔离，具有良好的耐压、防腐、防潮、抗震动性能。固体继电器可以实现用微弱的控制信号（几毫安到几十毫安）控制 0.1A 直至几百安电流负载，进行无触头接通和分断。

由于固体继电器接通和断开负载时，不产生火花，又具有高稳定、高可靠、无触头、寿命长，与 TTL 和 CMOS 集成电路有着良好的兼容等优点，广泛应用在电动机调速、正反转控制、调光、家用电器、送变电电网的建设与改造、电力拖动、煤矿、钢铁、化工和军用等方面。

固体继电器由输入电路、驱动电路和输出电路三部分组成，如图 1-7 所示。根据输出电流类型不同，固体继电器分为交流和直流两种类型。交流固体继电器（AC-SSR）以双向晶闸管为输出开关器件，用来通、断交流负载；直流固体继电器（DC-SSR）以功率晶体管为开关器件，用来通、断直流负载。从外部接线来看，固体继电器是一种四端器件，两个输入端，两个输出端。输入端接控制信号，输出端与负载电源串联，当输入端给定一个控制信号时，输出端导通；输入端接无控制信号时，输出端关断截止。

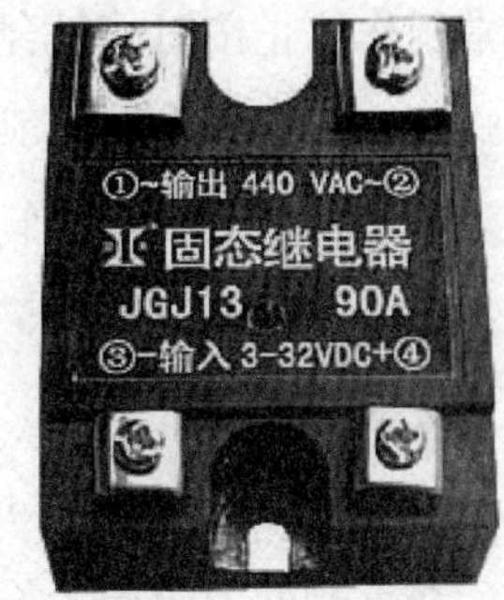

图 1-7 固体继电器

交流固体继电器根据触发信号方式不同分为过零型触发（Z 型）和非过零型或随机型（P 型）触发两种，过零型和非过零型之间的区别主要是负载交流电流导通的条件。过零触发型电源电压处在非过零区，其输出端负载无电流，只有当电源电压到达过零区时，输出端负载中才有电流流过；非过零型触发不管电源电压处在什么状态，输入端施加信号电压时，输出端负载立刻导通。非过零型触发在输入端控制信号撤销时输出端负载立刻截止；过零型触发要等到电源电压到达过零区时，输出端负载才关断。即过零型触发具有电压过零时开启，负载电流过零时关断的特性。常用的交流 AC-SSR 有 GTJ6 系列、JGC-F 系列、JGX-F 系列和 JGX-3/F 系列等。

固体继电器输入电路采用光耦隔离器件，抗干扰能力强。输入信号电压 3V 以上，电流 100mA 以下，输出点的工作电流达 10A，故控制能力强。当输出负载容量很大时，可用固体继电器驱动功率管，再去驱动负载。使用时还应注意固体继电器的负载能力随温度的升高而降低，其他使用注意事项请参阅固体继电器的产品使用说明。

1.2.5 主令电器

主令电器是用于自动控制系统中发出控制指令或信号的电器。由于它主要是发出操作指令，从而称之为主令电器。其信号指令通过接触器、继电器或其他电器，使电路接通或分断来实现生产机械的自动控制。常用的主令电器有按钮开关、行程开关、万能转换开关、主令控制器、脚踏开关等。

1. 按钮开关

按钮又称控制按钮，是发出控制指令或信号的电器开关，是一种手动且可以自动复位的主令电器，在控制电路中用作短时间接通或断开小电流控制电器，通常用于控制电路发出起动或停止指令。

(1) 按钮的结构形式。按钮由静触头、动触头、复位弹簧和外壳构成。触头分为动合（常开）触头和动断（常闭）触头两类。在控制电路中常开按钮常用作起动按钮，动断按钮常用作停止按钮。复合按钮常用于电气互锁。按功能分为自动复位和带锁定功能两种形式，按操作方式有一般式、蘑菇头急停式、旋转式、钥匙式。按钮开关在实际应用中也有扳、旋、拨等动作方式。我国自行设计的常用按钮有 LA2、LA4、LA10、LA18、LA19、LA20、LA25 系列。

(2) 按钮的选择：

1）根据使用场合和具体用途选择按钮种类。例如：嵌装在操作面板上时可选用开启式按钮，在重要处为防止无关人员误操作时宜选用钥匙操作式按钮，需显示工作状态时可选用光标式按钮。

2）根据控制回路的需要选择按钮的数量，如单联钮、双联钮、三联按钮等。

3）根据工作状态选择按钮颜色。例如：启动按钮可用绿色按钮，停止可用红色按钮等，点动按钮用黑色。

LA 系列按钮型号及意义如下：

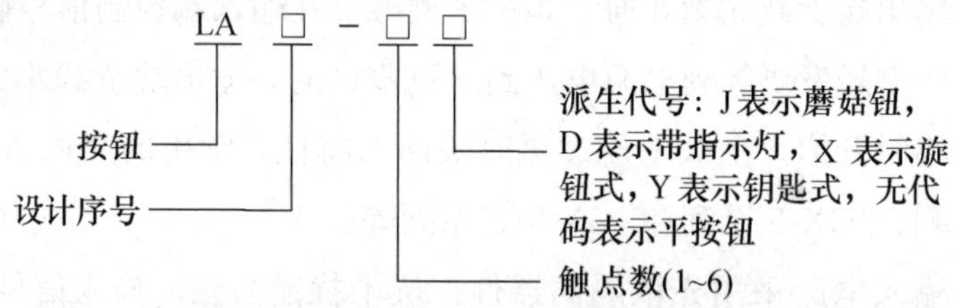

部分产品名称、型号及规格见表 1-11，具体使用可参阅各生产厂家产品目录。

表 1-11　　按钮开关名称、型号及规格

产品名称	型号	规格
LA4 按钮开关	LA4-2K	380V
	LA4-3K	
	LA4-2H	
	LA4-3H	

续表

产品名称	型号	规格
LA18 按钮开关	LA18-11	380V
	LA18-22	
	LA18-22M	
	LA18-22X/2	
	LA18-22X/3	
	LA18-22Y	
	LA18-44	
	LA18-44M	
	LA18-66	
LA19 按钮开关	LA19-11	380V
	LA19-11M	
	LA19-11D	
	LA19-11DM	
LAY3 按钮开关	LAY3-11	一般式
	LAY3-11M/1	蘑菇头式
	LAY3-11M/2	蘑菇头式
	LAY3-11ZS/1	自锁式
	LAY3-11ZS/2	自锁式
	LAY3-11D/6.3V	带灯式
	LAY3-11DN/220V	带灯式
	LAY3-11X/2	旋钮式
	LAY3-11X/3	旋钮式
	LAY3-11Y/2	钥匙式
	LAY3-11Y/3	钥匙式
	LAY3-11XB/2	旋柜式
	LAY3-11XB/3	旋柜式
	LAY3-11DJ/M	带灯自锁式

续表

产品名称	型号	规格
HZ10 组合开关	HZ10-10/1	380V
	HZ10-10/2	
	HZ10-10/3	
	HZ10-10/4	
	HZ10-25/1	
	HZ10-25/2	
	HZ10-60/1	
	HZ10-100/1	

2. 位置开关

用于机械运动部件位置检测的开关主要有行程开关、接近开关和光电开关等。在机床电路中应用最普遍的是行程开关。行程开关又称限位开关，作用与按钮相同，只是其触头的动作不是用手按动，而是利用生产机械某些运动部件上的挡铁碰撞行程开关，使其触头动作，来分断或接通控制电路。行程开关主要用于检测运动机械的位置，控制运动部件的运动方向、行程长短以及限位保护。

（1）行程开关结构类型及防护形式。行程开关按外壳防护形式分为开启式、防护式及防尘式；按动作速度分为瞬动和慢动式；按复位方式分为自动复位和非自动复位；按操作头的形式分为直杆式、直杆滚轮式、转臂式、万向式、双轮式、铰链杠杆式等；按用途分为一般用途行程开关、起重设备用行程开关及微动开关等多种。常用的行程开关有 LX2、LX29、LXK1、LXK3 等系列和 LXW5、LXW-11 等系列微动行程开关。

（2）行程开关选用。行程开关在选用时应根据动作要求及触头数量和安装位置来选用，一般应遵循下述原则：

1）根据控制对象和使用地点来确定是选用一般用途行程开关，还是选用起重设备用行程开关。

2）根据使用安装条件来确定防护形式，如开启式或保护式。

3）根据控制回路的电压和电流选择系列。

4）根据机械与行程开关的传力与位移关系来选择合适的头部形式。

LX系列行程开关的型号及意义如下：

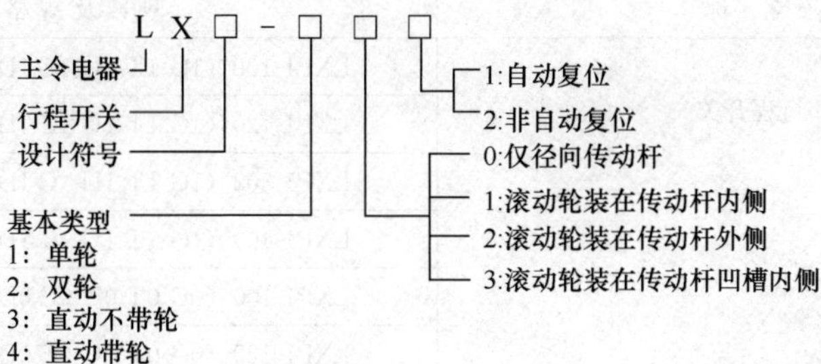

部分产品名称、型号及规格见表1-12，具体使用可参阅各生产厂家产品目录。

表1-12　　行程开关名称、型号及规格

产品名称	型号及规格
LXK3行程开关	LXK3-20H/L
	LXK3-20H/T
	LXK3-20H/Z
	LXK3-20H/J
	LXK3-20H/D
	LXK3-20H/W
	LXK3-20H/B
	LXK3-20H/H1
	LXK3-20H/H2
	LXK3-20H/T
	LXK3-20H/L
	LXK3-20H/J
	LXK3-20H/Z
	LXK3-20H/LD
	LXK3-20H/W
LX19行程开关	LX19-11K
	LX19-001
	LX19-111
	LX19-121
	LX19-131
	LX19-212
	LX19-222

续表

产 品 名 称	型号及规格
LXP1 行程开关	LXP1-100（1G 1T 1U 1C 1D 1R 1E 1F 1B）
	LXP1-120（1G 1T 1U 1C 1D 1R 1E 1F 1B）
	LXP1-303（1G 1T 1U 1C 1D 1R 1E 1F 1B）
	LXP1-404（1G 1T 1U 1C 1D 1R 1E 1F 1B）
	LXP1-100（0G 0T 0U 0C 0D 0R 0E 0F 0B）
	LXP1-120（0G 0T 0U 0C 0D 0R 0E 0F 0B）
	LXP1-303（0G 0T 0U 0C 0D 0R 0E 0F 0B）
	LXP1-404（0G 0T 0U 0C 0D 0R 0E 0F 0B）

3. 万能转换开关

万能转换开关是一种多挡位、多段式、控制多回路的主令电器，当操作手柄转动时，带动开关内部的凸轮机构转动，从而使触头按规定闭合或断开。万能转换开关一般用于交流 500V、直流 440V、电流 20A 以下电路，作为电气控制电路的转换和配电设备的远距离控制、电气测量仪表转换，也可用于小容量异步电动机、伺服电动机、微型电动机的直接控制。

万能转换开关主要由触头座、操作定位机构、凸轮、手柄等部件组成，其操作位置有 0～12 个，触头底座有 1～10 层，每层底座均可装三对触头。每层凸轮均可做成不同形状，当操作手柄带动凸轮转动到不同位置时，可使各对触头按设置的规律接通和分断，因而这种开关可以组成数百种控制电路方案，以适合各种复杂电路要求，故称为“万能”转换开关。常用的万能转换开关有 LW5、LW6 等系列。

LW5 系列万能转换开关型号及意义如下：

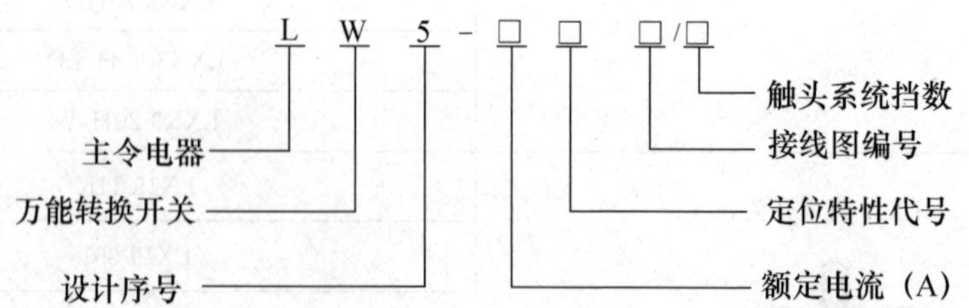

部分产品名称、型号及规格见表 1-13，具体使用可参阅各生产厂家产品目录。

万能转换开关根据用途、接线方式、所需触头挡数和额定电流来选用。

安装时注意事项：

（1）万能转换开关的安装位置应与其他电器元件或机床的金属部分有一定的间隙，以免在通断过程中可能因电弧喷出发生对地短路故障。

（2）安装时一般应水平安装在屏板上，但也可倾斜或垂直安装。

表 1-13　　万能转换开关名称、型号及规格

产品名称	型号
LW5 万能转换开关	LW5-16　1 节
	LW5-16　2 节
	LW5-16　3 节
	LW5-16　4 节
	LW5-16　5 节
	LW5-16　6 节
	LW5-16　8 节
	LW5-16　10 节

4. 主令控制器

主令控制器是用来较频繁地对线路进行接通和切断的一种多挡位、多控制回路的控制电器，可以对控制线路实现联锁或切换。常配合电磁起动器对绕线转子异步电动机实施起动、制动、调速及远距离控制，广泛用于各类大、中型起重设备电机控制系统中。

主令控制器主要由外壳、触点、凸轮、转轴等组成，如图 1-8 所示。与万能转换开关相比，它的触点容量大些，操作挡位也较多。主令控制器分为两类：一类时凸轮可调式主令控制器；另一类是凸轮固定式主令控制器。

图 1-8　主令控制器

目前，常用的主令控制器有 LK4/LK5 和 LK14、LK15、LK18、LK28 等系列产品。其中 LK4 系列属于可调试主令控制器，即闭合顺序可根据不同要求进行任意调节。

主令控制器的型号及意义如下：

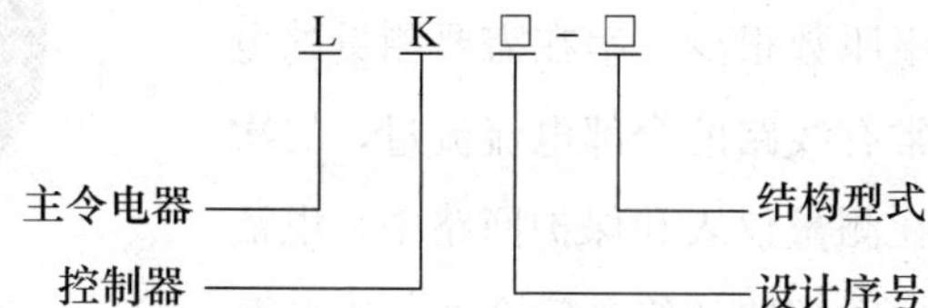

主令控制器的选用：应根据所需控制的电路数，触点闭合顺序，长期接通时允许电流和分断时允许电流等进行选择。

5. 凸轮控制器

凸轮控制器是一种大型的手动控制器，也是多挡位、多触点开关电器，利用手动操作，通过轴的连接，转动凸轮去接通或分断允许通过大电流的触点开关。它主要用于起重设备，可以直接控制中、小型绕线转子异步电动机的起动、制动、调速和换向。

凸轮控制器主要由触点、手柄、转轴、凸轮、灭弧罩及定位机构等组成，如图 1 - 9 所示。当手柄转动时，在绝缘方轴上的凸轮随之转动，从而使触点组按规定顺序接通、分断电路。凸轮控制器与万能转换开关虽然都是使用凸轮来控制触点的动作，但因为触点的额定电流值相差很大，体积、用途完全不同。常用的凸轮控制器有 KT10、KT14、KT15 等系列，其额定电流有 25、32、60、63A 等规格，额定电压为 380V。

图 1 - 9　凸轮控制器

凸轮控制器的选用及使用注意事项：

(1) 应根据所控制起重设备上的交流电动机的起动、调速、换向的技术要求和额定电流来选用。

(2) 起动操作时，手轮转动不能太快，应逐级起动，防止电动机的冲击电流超过电流继电器的整定值。

(3) 控制器停止使用时，应将手轮准确地停在零位。

(4) 控制器要保持清洁，经常清除金属导电粉尘，转动部分应定期加以润滑。

1.2.6　电流互感器

1. 电流互感器的原理

电流互感器（Current Transformer，CT）原理是依据电磁感应原理的。如图 1 - 10 所示，它由闭合的铁心和绕组组成，一次绕组匝数很少，串在需要测量的电流的线路中，因此它经常有线路的全部电流流过，二次绕组匝数比较多，串接在测量仪表和保护回路中，电流互感器在工作时，它的二次回路始终是闭合的，因此测量仪表和保护回路串联线圈的阻抗很小，电流互感器的工作状态接近短路。

图 1 - 10　电流互感器

电流互感器的作用是可以把数值较大的一次电流通过一定的变比转换为数值较小的二次电流，用来进行保护、测量等用途。如变比为400/5的电流互感器，可以把实际为400A的电流转变为5A的电流。

2. 电流互感器的选用

互感器是一种电流、电压的变换装置，其作用是将大电流、高电压变成小电流、低电压，从而保证了仪表测量和继电保护的安全，同时扩大了仪表、继电器的使用范围。互感器从基本结构和工作原理来说就是一种特殊变压器。

选用电流互感器时，必须注意：电流互感器应按装置地点的条件及额定电压、一次电流、二次电流（一般为5A）、准确度等级等条件选用，并校验短路时的动稳定度和热稳定度。低压电流互感器常用LMZ系列和LQJ系列。

3. 电流互感器的型号

第一字母：L—电流互感器

第二字母：A—穿墙式；Z—支柱式；M—母线式；D—单匝贯穿式；V—结构倒置式；J—零序接地检测用；W—抗污秽；R—绕组裸露式

第三字母：Z—环氧树脂浇注式；C—瓷绝缘；Q—气体绝缘介质；W—与微机保护专用

第四数字：B—带保护级；C—差动保护；D—D级；Q—加强型；J—加强型

第五数字：电压等级产品序号

如LMZJ1-0.5中：

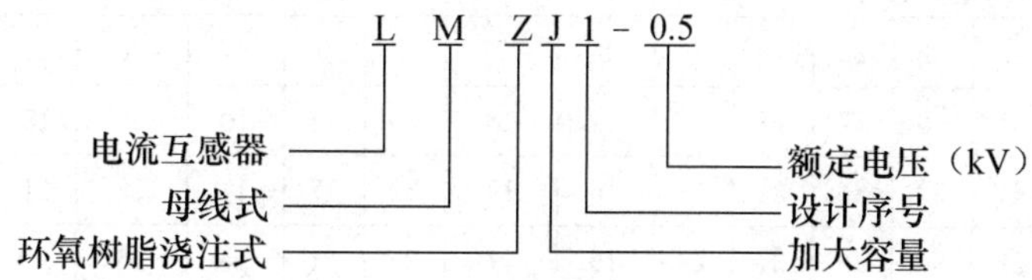

1.2.7 导线

常用导线按结构特点可分为裸导线、绝缘电线和电缆，如图1-11所示。由于使用条件和技术特性不同，导线结构差别较大，有些导线只有导电线芯；有些导线由导电线芯和绝缘层组成；有的导线在绝缘层外面还有保护层。

工厂车间低压照明线路和电动机导线截面的选择主要依据以下条件：

（1）导线发热条件（即连续允许电流）；

（2）电压损失；

（3）机械强度；

图 1 - 11　导线

（4）导线截面应与线路中装设的熔断器相适应。

工厂车间动力线路，一般都距离短，线路阻抗小，即使在最大负载时，其电压损失也远远小于允许值。此时，可以按导线发热条件选择导线截面积。所谓发热条件，就是在任何环境温度下，当导线连续通过最大负载电流时，其导线的温度不大于 65℃，这时的负载电流称为安全电流，所以，实际上按发热条件选择导线截面积，也就是按长期允许通过导线的安全电流来选择导线截面积。导线因敷设的方式和地点的不同，其散热条件也不相同，所以同样的导线，露在空气中安装的安全电流和装在管子里的安全电流是不同的。另外，当环境温度不同时，同样的导线安全电流也不相同。表 1 - 14 为 BV 绝缘电线明敷及穿管时持续载流量表。表 1 - 15 为常用的绝缘电线型号、名称、用途，供同学们选择参考。

表 1 - 14　　BV 绝缘电线明敷及穿管时持续载流量表

型号	BV														
额定电压（kV）	0.45/0.75														
导体工作温度（℃）	70														
环境温度（℃）	30	35	40	30				35				40			
导线排列	0-S-0-S-0														
导线根数				2～4	5～8	9～12	12 以上	2～4	5～8	9～12	12 以上	2～4	5～8	9～12	12 以上
标称截面（mm^2）	明敷载流量（A）			导线穿管敷设载流量（A）											
1.5	23	22	20	13	9	8	7	12	9	7	6	11	8	7	6
2.5	31	29	27	17	13	11	10	16	12	10	9	15	11	9	8
4	41	39	36	24	18	15	13	22	17	14	12	21	15	13	11
6	53	50	46	31	23	19	17	29	21	18	16	20	20	16	15
10	74	69	64	44	33	28	25	41	31	26	23	38	29	24	21
16	99	93	86	60	45	38	34	57	42	35	32	52	39	32	29
25	132	124	115	83	62	52	47	77	57	48	43	70	53	44	39
35	161	151	140	103	77	64	58	96	72	60	54	88	66	55	49
50	201	189	175	127	95	79	71	117	88	73	66	108	81	67	60
70	259	243	225	165	123	103	92	152	114	95	85	140	105	87	78
95	316	297	275	207	155	129	116	192	144	120	108	176	132	110	99
120	374	351	325	245	184	153	138	226	170	141	127	208	156	130	117
150	426	400	370	288	216	180	162	265	199	166	149	244	183	152	137

续表

标称截面（mm^2）	明敷载流量（A）			导线穿管敷设载流量（A）											
185	495	464	430	335	251	209	188	309	232	193	174	284	213	177	159
240	592	556	515	396	297	247	222	366	275	229	26	336	252	210	189

注 明敷载流量值系根据 $S>2D_e$（D_e-电线外径）计算。

表 1-15　　常用绝缘电线型号、名称、用途

型　号	名　称	用　途
BLXF BXF BLX BX BXR	铝心氯丁橡胶线 铜心氯丁橡胶线 铝心橡胶线 铜心橡胶线 铜心橡胶软线	适用于支流额定电压 500V 以下的电器设备照明装置
BV BLV BVR BVV BLW BVVB BLVVB VB-105	铜心聚氯乙烯绝缘电线 铝心聚氯乙烯绝缘电线 铜心聚氯乙烯绝缘软电线 铜心聚氯乙烯绝缘聚氯乙烯护套圆形电线 铝心聚氯乙烯绝缘聚氯乙烯护套电线 铜心聚氯乙烯绝缘聚氯乙烯护套平型电线 铝心聚氯乙烯绝缘聚氯乙烯护套平型电线 铜心耐热 105℃ 聚氯乙烯绝缘电线	适用于各种交流，直流电器装置、电工仪器、仪表、电信设备、动力及照明线路固定敷设
RV RVB RVS RVV	铜心聚氯乙烯绝缘软电线 铜心聚氯乙烯绝缘平型软电线 铜心聚氯乙烯绝缘纹型软电线 铜心聚氯乙烯绝缘聚氯乙烯护套平型连接软电线	适用于各种交流电器电工仪器、家用电器、小型电动工具动力及照明装置的连接
PFB PFS	复合物绝缘平型软电线 复合物绝缘纹型软电线	适用于交流额定电压 250V 以下或直流 500V 以下的各种移动电器、无线电设备照明灯接线
RXS RX	复合物绝缘平型软电线 复合物绝缘纹型软电线	适用于交流额定电压 300V 以下电器、仪表、家用电器及照明装置

1.2.8 接线端子板

JF5 系列底座封闭型接线座适用于频率为 50Hz（或 60Hz），额定电压至 690V（660V），或直流 440V，额定导线截面积为 0.5～25mm^2 的圆导线作连接之用。采用接线方便的组合螺钉配用 TU、TO 端头及通用的 G 型安装轨。

部分产品名称、型号及规格见表 1-16 所示，具体使用可参阅各生产厂家产品目录。

表 1-16　　接线端子板名称、型号及规格

产品名称	型号	规格
JF5 接线端子板	TD-1510	15A　10 位
	TD-1005	100A　5 位
	TD-1515	15A1　5 位
	TD-6005	60A　5 位
	TB-4510	45A　10 位
	JH20-10/10	10A　10 位
	X3-2012	20A　12 位
	TB-2506	25A　6 位
	JF5-2.5/2	线径 $2.5mm^2$　2 位
	JX3-1005	10A　5 位
	JF5-2.5/B	线径 $2.5mm^2$
	JF5-1.5/5	线径 $1.5mm^2$　5 位
	JF5-6/5	线径 $6mm^2$　5 位

1.3 电气图的识别

电气图是指用来指导电气工程和各种电气设备、电气线路的安装、接线、运行、维护、管理和使用的图纸。由于电气图描述的对象复杂、表达形式多种多样、应用领域广泛，因而使其成为一个独特的专业技术图种。作为电气工程从业技术人员，学会阅读和使用电气图是其必备的基本素质要求。

一项电气工程用不同的表达方式来反映工程问题的不同侧面，它们彼此作用不同，但又有一定的对应关系，有时需要对照起来阅读。按用途和表达形式的不同，电气图可分为电气原理图、安装接线图、位置图等。

1.3.1 电气原理图

电气原理图又称电路图，是根据生产机械运动形式对电气控制系统的要求，采用国家统一规定的电气图形符号和文字符号，按照电气设备和电器的工作顺序，详细表示电路、设备或成套装置的全部基本组成和连接关系，而不考虑其实际位置的一种简图。电气原理图能充分表达电气设备和电器的用途、作用和工作原理，是电气线路安装、调试和维修的理论依据。电气原理图是电气图的最重要的种类之一，也是识图的难点与重点。

绘制和分析电气原理图时应遵循以下原则：

(1) 电气原理图一般分电源电路、主电路和辅助电路三部分来绘制。

1) 电源电路。电源电路画成水平线，三相交流电源相序 L1、L2、L3 自上而下依次画出，中性线 N 和保护地线 PE 依次画在相线之下。直流电流的“+”端画在上边，“−”端画在下边。电源开关要水平画出。

2) 主电路。主电路是从电源向用电设备供电的路径，由主熔断器、接触器的主触头、热继电器的热元件以及电动机等组成。主电路通过的电流较大，一般要画在电气原理图的左侧并垂直电源电路，用粗实线来表示。

3) 辅助电路。辅助电路一般包括控制电路、信号电路、照明电路及保护电路等。辅助电路由继电器和接触器的线圈、继电器的触头、接触器的辅助触头、主令电路的触头、信号灯和照明灯等电器元件组成。辅助电路通过的电流都较小，一般不超过 5A。画辅助电路图时，辅助电路要跨接在两根电源线之间，一般按照控制电路、信号电路和照明电路的顺序依次垂直画在主电路图的右侧，且电路中与下边电源线相连的耗能元件（如接触器和继电器的线圈、信号灯、照明灯等）要画在电路图的下方，而电器的触头要画在耗能元件与上边电源线之间。为读图方便，一般应按照自左至右、自上至下的排列来表示操作顺序。

(2) 原理图中各电器元件不画实际的外形图，而是采用国家统一规定的电气图形符号和文字符号来表示。

(3) 原理图中所有电器的触头位置都按电路未通电或电器未受外力作用时的常态位置画出。分析原理时，应从触头的常态位置出发。

(4) 原理图中各个电气元件及其部件（如接触器的触头和线圈）在图上的位置是根据便于阅读的原则安排的，同一电气元件的各个部件可以不画在一起，即采用分开表示法。但它们的动作却是相互关联的，因此，必须标注相同的文字符号。若图中相同的电器较多时，需要在电器文字符号后面加注不同的数字，以示区别，如 SB1、SB2 或 KM1、KM2、KM3 等。

(5) 画原理图时，电路用平行线绘制，尽量减少线条和避免线条交叉，并尽可能按照动作顺序排列，便于阅读。对交叉而不连接的导线在交叉处不加黑圆点；对“+”形连接点（有直接电联系的交叉导线连接点），必须用小黑圆点表示；对“T”形连接点处则可不加。

(6) 为安装检修方便，在电气原理图中各元件的连接导线往往予以编号，即对电路中的各个接点用字母或数字编号。

主电路的电气连接点一般用一个字母和一个一位或二位的数字标号，如在电源开关的出线端按相序依次编号为 L11、L12、L13。然后按从上至下，从左至右的顺序，标号的方法是经过一个元件就变一个号，如 L21、L22、L23；L31、L32、L33、…。单台三相交流电动机（或设备）的三根引出线按相序依次编号为 U、V、W。对于多台电动机引出线的编号，为了不致引起误解和混淆，可在字母前用不同的数字加以区别，如 1U、1V、1W，2U、2V、2W，…

辅助电路编号按“等电位”原则从上至下、从左至右的顺序用数字依次编号，每经过一个电器元件后，编号要依次递增。控制电路编号的起始数字必须是 1，其他辅助电路编号的起始数字依次递增 100，如照明电路编号从 101 开始，信号电路编号从 201 开始等。

1.3.2 安装接线图

安装接线图是根据电气设备和电器元件的实际位置和安装情况绘制的，只用来表示电气设备和电器元件的位置、配线方式和接线方式，而不明显表示电气动作原理。为了具体安装接线、检查线路和排除故障，必须根据原理图查阅安装接线图。安装接线图中各电器元件的图形符号及文字符号必须与原理图核对。

绘制和分析安装接线图应遵循以下原则：

（1）接线图中一般显示出电气设备和电器元件的相对位置、文字符号、端子号、导线号、导线类型、导线截面积、屏蔽和导线绞合等内容。

（2）在接线图中，所有的电气设备和电器元件都按其所在的实际位置绘制在图纸上。元件所占图面按实际尺寸以统一比例绘出。

（3）同一电器的各元件根据其实际结构，使用与原理图相同的图形符号画在一起，并用点画线框上，即采用集中表示法。

（4）接线图中各电器元件的图形符号和文字符号必须与原理图一致，并符合国家标准，以便对照检查接线。

（5）各电器元件上凡是需要接线的部件端子都应绘出并予以编号，各接线端子的编号必须与原理图上的导线编号一致。

（6）接线图中的导线有单根导线、导线组（或线扎）、电缆等之分，可用连续线和中断线来表示。凡导线走向相同的可以合并，用线束来表示，到达接线端子板或电器元件的连接点时再分别画出。在用线束来表示导线组、电缆等时可用加粗的线条表示，在不引起误解的情况下也可采用部分加粗。另外，导线及管子的型号、根数和规格应标注清楚。

（7）安装配电板内外的电气元器件之间的连线，应通过端子进行连接。

1.3.3 位置图

位置图是根据电器元件在控制板上的实际安装位置，采用简化的外形符号（如正方形、矩形、圆形等）而绘制的一种简图，如图 1-12 所示。它不表达各电器的具体结构、作用、接线情况以及工作原理，主要用于电器元件的布置和安装。图中各电器的文字符号必须与原理图和接线图的标注一致。

在实际中，原理图、接线图和位置图要结合起来使用。

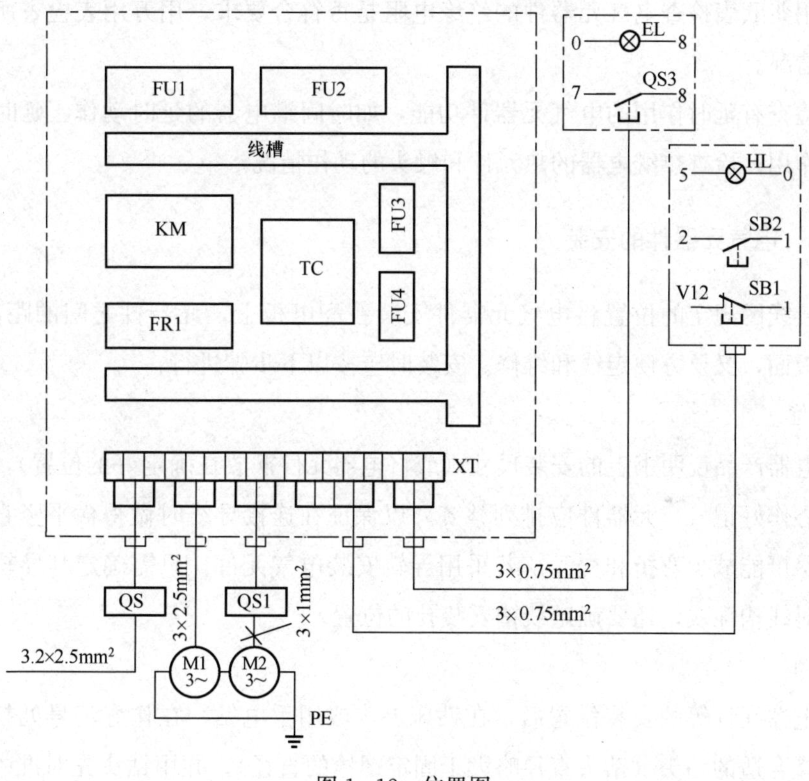

图 1-12 位置图

1.4 三相异步电动机控制线路的安装方法

1.4.1 电气元器件的检查

安装接线前应对所使用的电气元器件逐个进行检查，以保证电气元器件质量。对电气元器件的检查主要包括以下几方面：

(1) 根据电器元件明细表，检查各电气元器件是否有短缺，核对它们的规格是否符合设计要求。

（2）电气元器件外观是否整洁，外壳有无破裂，零部件是否齐全，各接线端子及紧固件有无缺损、锈蚀等现象。

（3）电气元器件的触头是否光滑，接触面是否良好，有无熔焊粘连变形，严重氧化锈蚀等现象；触头闭合分断动作是否灵活；触头开距、超程是否符合标准；接触压力弹簧是否正常。核对各电器元件的电压等级、电流容量、触头数目等。

（4）电器的电磁机构和传动部件的运动是否灵活，衔铁有无卡住、吸合位置是否正常等，使用前应清除铁心端面的防锈油。

（5）用兆欧表检查电气元器件的绝缘电阻是否符合要求，用万用表检查所有电磁线圈的通断情况。

（6）检查有延时作用的电气元器件功能，如时间继电器的延时动作、延时范围及整定机构的作用；检查热继电器的热元件和触头的动作情况。

1.4.2 电气元器件的安装

按照接线图规定的位置将电气元器件安装在配电板上，元器件之间的距离要适当，既要节省板面，又要方便走线和维修。安装时应按以下步骤进行：

1. 定位

根据电器产品说明书上的安装尺寸（或将电器元件摆放在确定好的位置），用划针在安装孔中心作好记号，元器件应排列整齐，以保证在连接导线时做得横平竖直，整齐美观，同时尽可能减少弯折和交叉。若采用导轨安装电气元件，只需确定其导轨固定孔的中心点。对线槽配线，还要确定线槽安装孔的位置。

2. 打孔

确定电器元件等的安装位置后，在钻床上（或用手电钻）在作好记号处打孔。打孔时，应选择合适的钻头（钻头直径略大于固定螺栓的直径），并用钻头先对准中心的样冲眼，进行试打，试打出来的浅坑应保持在中心位置，否则应予以校正。

3. 固定

用固定螺栓，把电器元件按指定的位置，逐个固定在底板上。紧固螺栓时，应在螺栓上加装平垫圈和弹簧垫圈，不要用力过大，以免将电器元件的塑料底座压裂而损坏。对导轨式安装的电器元件，只需按要求把电器元件插入导轨即可。

1.4.3 电动机控制电路的安装要求

1. 电气元器件的检查

在控制板上按布置图安装电气元器件和走线槽，并贴上醒目的文字符号。安装电气元器件和走线槽时，应做到横平竖直、固定牢固、排列整齐和便于走线等。

（1）选择导线：根据电动机的额定功率、控制电路的电流容量、控制回路子回路数以及配线方式选配连接导线。

1）导线的类型。硬线只能固定安装于不动部件之间，且导线的截面积应小于 $0.5mm^2$。若在有可能出现振动的场合或导线的截面积大于等于 $0.5mm^2$ 时，必须采用软线。考虑到机械强度的原因，所用导线的最小截面积，在控制板外为 $1mm^2$，在控制板内为 $0.75mm^2$。但对控制板内很小电流的电路连线且无振动的场合，可采用 $0.2mm^2$ 的硬线。

2）导线的绝缘。导线必须绝缘良好，并应具有抗化学腐蚀能力。在特殊条件下工作的导线，必须同时满足使用条件的要求。

3）导线的截面积。在必须能承受正常条件下流过的最大稳定电流的同时，还应考虑到线路允许的电压降、导线的机械强度和熔断器相配合。

4）导线的颜色。对复杂的电气电路，其主电路和控制回路应选择不同颜色的导线，对控制回路子回路数较多的场合，最好每一个控制子回路选配一种颜色的导线，以便安装、识别、检查及维修。

（2）按电气接线图确定的走线方向进行布线，可先布主回路线，也可先布控制回路线。

（3）板前线槽配线的具体工艺要求：

1）布线时，严禁损伤线芯和导线绝缘。

2）控制板上各电器元件接线端子引出导线的走向，以元件的水平中心线为界限，在水平中心线以上，接线端子引出的导线必须进入元件上面的走线槽；在水平中心线以下，接线端子引出的导线必须进入元件下面的走线槽。任何导线都不允许从水平方向进入走线槽内。

3）各电器元件接线端子上引出或引入的导线，除间距很小和元件机械强度很差允许直接架空敷设外，其他导线必须经过走线槽进行连接。

4）各电器元件与走线槽之间的外露导线，应走线合理，并尽可能做到横平竖直，变换走向要垂直。同时，同一个元件上位置一致的端子和同型号电器元件中位置一致的端子上引出或引入的导线，应敷设在同一平面上，并应做到高低一致或前后一致，不得交叉。

5）进入走线槽内的导线要完全置于走线槽内，并应尽可能避免交叉，装线时不要超过走线槽容量的 70%，以便能方便地盖上线槽盖，也便于以后的装配和维修。

6）所有接线端子、导线线头上都应套有与原理图上相应接点一致线号的编码套管，并按线号进行连接，连接必须牢靠，不得松动。

7）接线端子必须与导线截面积和材料性质相适应。当接线端子不适合连接软线或较小截面积的软线时，可以在导线端头穿上针形或叉形轧头并压紧。

8）一般一个接线端子只能连接一根导线，如果采用专门设计的端子，可以连接两根或多根导线，但导线的连接方式必须是公认的，在工艺上成熟的各种方式，如夹紧、反接、焊接、绕接等，并应严格按照连接工艺工序要求进行。

9）主回程和控制回路线号套管必须齐全，每一根导线的两端都必须套上编码套管。在遇到“6”和“9”或“16”和“91”这类倒顺都能读数的号码时，必须作记号加以区别，以免造成线号混淆。

2. 布线

接线时必须按接线图规定的走线方位进行。通常从电源端起按接线号顺序做，先做主电路，后做控制电路。接线前应做好准备工作，按主电路和控制电路的电流容量选择导线的截面及导线两端的穿线号管。使用多股导线时应准备好烫锡工具或压线钳。接线时按以下步骤进行：

（1）选择合适的导线截面，按接线图规定的方位，在固定好的电气元器件之间测量所需要的长度，截取长短适当的导线，剥去导线两端绝缘皮，其长度应满足连接需要。为保证导线和端子接触良好，压接时将芯线表面的氧化物去掉，使用多股导线时应将线头绞紧烫锡。

（2）走线时应尽量避免导线交叉，先将导线校直，把同一走向的导线汇成一束，依次弯向所需要的方向。走线应横平竖直，拐直角弯。做线时要用手将拐角做成90°的慢弯，导线弯曲半径为导线直径的3～4倍，不要用钳子将导线做成死弯，以免损伤导线绝缘层及芯线。做好的导线应绑扎成束用非金属线卡卡好。

（3）将成形好的导线套上写好的线号管，根据接线端子的情况，将芯线弯成圆环或直接压进接线端子。

1）接线端子应坚固好，必要时装设弹簧垫圈，防止电器动作时因受震动而松脱。

2）同一接线端子内压接两根以上导线时，可套一只线号管，导线截面不同时，应将截面大的放在下层，截面小的放在上层，所有线号要用不易褪色的墨水，用印刷体书写清楚。

3. 检查线路

安装完毕的控制电路板，必须经过认真检查后，才能通电试车，以防止接线错误或漏接线引起线路动作不正常，甚至造成短路事故。应按以下步骤进行检查：

（1）核对接线。按电气原理图或电气接线图从电源端开始，逐段核对接线及接线端子处线号，重点检查主回路有无漏接、错接及控制回路中容易接错的线号，还应核对同一导线两端线号是否一致。

(2) 检查端子接线是否牢固。检查端子上所有接线压接是否牢固，接触是否良好，不允许有松动、脱落现象，以免通电试车时因导线虚接造成故障。

(3) 用万用表检查。在控制电路不通电时，用手动来模拟电器的操作动作，用万用表测量线路的通断情况。应根据控制电路的动作来确定检查步骤和内容，根据原理图和接线图选择测量点，先断开控制电路检查主电路，再断开主电路检查控制电路。其主要检查以下内容：

1) 主电路不带负荷（即电动机）时相间绝缘情况，接触主触头接触的可靠性，正反转控制电路的电源换相线路和热继电器、热元件是否良好，动作是否正常等。

2) 控制电路的各个环节及自锁、联锁装置的动作情况及可靠性，设备的运动部件、联动元器件动作的正确性及可靠性，保护电器动作准确性等。

(4) 用 500V 兆欧表检查线路的绝缘电阻，绝缘电阻不应小于 1MΩ。

4. 通电试车

为保证人身安全，通电试车时必须有专人监护，试车前应做好准备工作，一般要清点工具及材料，装好接触器的灭弧罩，检查熔断器的熔体是否符合要求，拉合各开关，使按钮、行程开关处于未通电状态，检查三相电源电压是否正常，然后按以下顺序通电试车。

(1) 空操作试验。装好控制电路中熔断器熔体，不接主电路负载，试验控制电路的动作是否可靠，接触器动作是否正常，检查接触器自锁、联锁控制是否可靠，用绝缘棒操作行程开关，检查其行程及限位控制是否可靠，观察各电器动作灵活性，注意有无卡住现象，细听电器动作时有无过大的噪声，检查线圈有无过热及异常气味。

(2) 带负载试车。控制电路经过数次空操作试验动作无误后，即可断开电源，接通主电路带负载试车。电动机起动前应先做好停车准备，起动后要注意电动机运行是否正常。若发现电动机启动困难，发出噪声，电动机过热，电流表指示不正常，应立即停车断开电源进行检查。

(3) 有些线路的控制动作需要调试。如定时运转线路的运行和间隔时间，Y-△启动控制电路的转换时间，反接制动控制电路的终止速度等。试车正常后，才能投入运行。

基本技能训练项目

目前，在工业和农业生产的各个领域，大量使用生产机械设备，如车床、水泵、压缩机等，而电机是这些生产设备拖动的主要原动机，其中三相异步电动机是主要的电气控制对象。三相交流异步电动机如图 2-1 所示。

三相交流异步电动机主要由定子和转子两大部分组成。三相定子绕组的 6 根出线端接在电动机外壳的接线盒里，其中 U1、V1、W1 为三相绕组的首端，U2、V2、W2 为三相绕组的末端。三相定子绕组根据电源电压和电动机额定电压，可以接成 Y 形（星形）和△形（三角形），如图 2-2 所示。

图 2-1 三相交流异步电动机

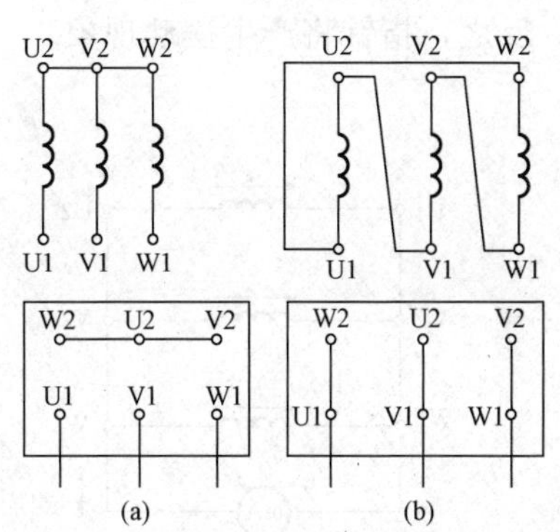

图 2-2 三相交流异步电动机接线方式

(a) 定子绕组 Y 形连接；(b) 定子绕组△形连接

在电动机定子绕组中通入三相对称交流电，便在转子空间产生旋转磁场，通过电磁感应在转子上产生力的作用，使转子跟着旋转磁场一起转动，从而将电能转换成机械能输出，以拖动生产设备。电动机转子的转动方向与定子绕组中旋转磁场的旋转方向相同，如果任意对调两根定子绕组接至三相交流电源的导线，旋转磁场的转向随之改变，即可改变电动机转子的旋转方向。

训练项目 1 三相异步电动机定子绕组首尾判别

一、项目描述

当电机损坏，重新下线时，必须分清 6 个线头的首尾端后才能进行接线，因此对三相异步电动机定子绕组首尾判别是很有必要的。

二、训练目的

(1) 掌握定子绕组首尾端的判别方法。

（2）根据工作内容正确选用所需仪器仪表。

三、任务内容

1. 剩磁法

测定定子绕子首尾端，依靠转子旋转时，转子中的剩磁在定子三相绕组内感应出的电动势用这一原理来进行测量。如果首、尾连接正确，则 $\dot{E}_1+\dot{E}_2+\dot{E}_3=0$（因为转子剩磁在三相线圈中感应电势矢量和为零），如图 2-3 所示，即：流过毫安表的电流为零，指针不动；反之，指针将产生摆动现象。

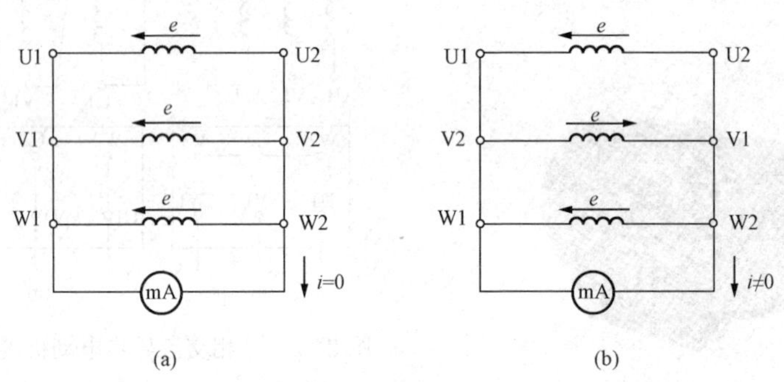

图 2-3　剩磁法判别

剩磁法判别步骤：

（1）先用万用表电阻挡测试电动机定子三相绕组的六个引出线头，找出三相绕组各相的两个线头。

（2）给各相绕组假设编号为 U1、U2，V1、V2，W1、W2。

（3）将假设的三相绕组的首端、尾端分别接在一起。此时将万用表转换成毫安挡位（×1 毫安挡），“+”表笔相连的三个端同为首端（或尾端），“−”表笔相连的别处三个端同为尾端（或首端），用手转动转子，如果毫安表指针不动，则说明假设的首、尾端就是实际的首、尾端。如果指针发生摆动，说明有错误，需要依次调换每相绕组首、尾端重新测试，直至毫安表指针不动为止。

2. 直流法

直流法判别步骤：

（1）先用万用表电阻挡测试电动机定子三相绕组的六个引出线头，找出三相绕组各相的两个线头。

（2）给各相绕组假设编号为 U1、U2，V1、V2，W1、W2。

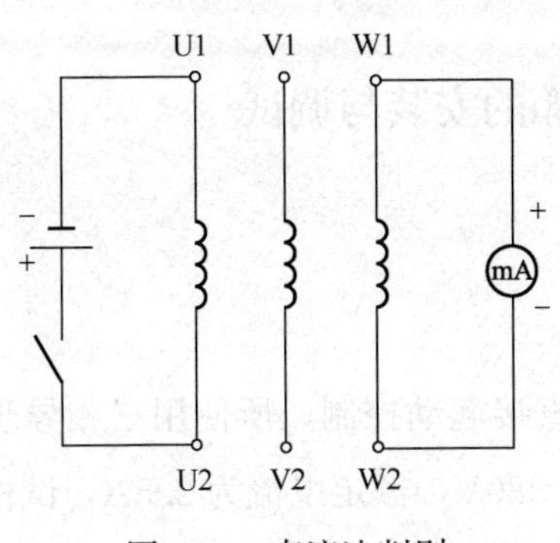

图 2-4 直流法判别

（3）按图 2-4 接线，观察万用表指针摆动情况，合上开关瞬间若指针正偏，则电池正极的线头与万用表负极（黑表笔）所接的线头同为首端或尾端；若指针反偏，则电池正极的线头与万用表正极（红表笔）所接的线头同为首端或尾端。依次将电池和开关接另一相（两个线头）进行测试，就可正确判别各相首尾端。

训练项目1　三相异步电动机首尾端判别

要求：

（1）以小组方式完成任务内容。

（2）完成书面内容外，判别结果必须经过老师检查，确认后方可离开。

（3）台面整齐，文明操作。

任务描述：

判断三相绕组的首尾端，熟练掌握星形、三角形接法及电源的接线方式，用剩磁法判定定子绕组首尾端，使用兆欧表测量绝缘电阻。

记录老师讲述的测定原理，正确利用工具、仪表，完成电机的首尾端判别。

具体要求	内　容	评分标准	配分
判别原理		内容正确，清晰	20
所用仪表		名称正确	5
判别步骤及绝缘电阻的测量		各步骤的正确性，绝缘电阻的测量	30
仪表使用	正确使用兆欧表测量电动机绕组对地及绕组对绕组之间的绝缘电阻	测量正确	15
外部接线	清楚接线盒内端子与内部绕组的关系，与电源的接线方式	提问方式	10
团队合作	团结协作，分工明确，互相学习答疑	有不动手的扣分	10
文明操作	遵守操作规程 结束清理现场 讲文明礼貌	否则扣 4 分 扣 4 分 扣 2 分	10
小组评价			
老师评价			

训练项目 2　通风装置电气控制箱的安装与调试

一、项目描述

某企业通风设备的电气控制箱为三相异步电动机直接起动控制，所使用三相异步电动机为 Y112M-2 型，其额定功率为 1kW，额定电压为 380V，额定电流为 2.5A，试根据该控制要求对其进行选型、安装与调试。

二、训练目的

(1) 掌握常用低压电器元件的作用。

(2) 掌握电气控制箱的设计方法和安装方法。

(3) 熟悉电气控制箱的调试方法。

三、任务要求

(1) 认真分析通风装置控制电路的原理图，正确选择电气元件型号及导线规格，并与表 2-1 给出的目录清单明细表作对比。

(2) 设计并绘制电气接线图。

(3) 根据接线图进行安装、布线，并在断电情况下检测。

(4) 在教师的指导下通电试车。

表 2-1　　训练项目设备及器材明细表

代号	名　称	型号与规格	数　量
M	三相异步电动机	Y112M-2，1kW，380V，2.5A，△连接，2825r/min	1
QF	断路器	DZ47-63	1
FU	熔断器及熔芯配套	10A	3
FU	熔断器及熔芯配套	5A	2
KM	接触器	CDC10-10	1
FR	热继电器	JR36-20	1
SB	三联按钮	LA4-3H5A380V	1
XT	端子排	JF5-1.5	若干

续表

代号	名 称	型号与规格	数 量
BVR	主电路导线	$1.5mm^2$	若干
BVR	控制电路导线	$1mm^2$	若干
	行线槽	25×25mm	
	网孔板		
	万用表	自定	
	劳保用品		

四、通风装置电气原理图与接线图

（一）原理图

直接起动控制原理图如图 2-5 所示。

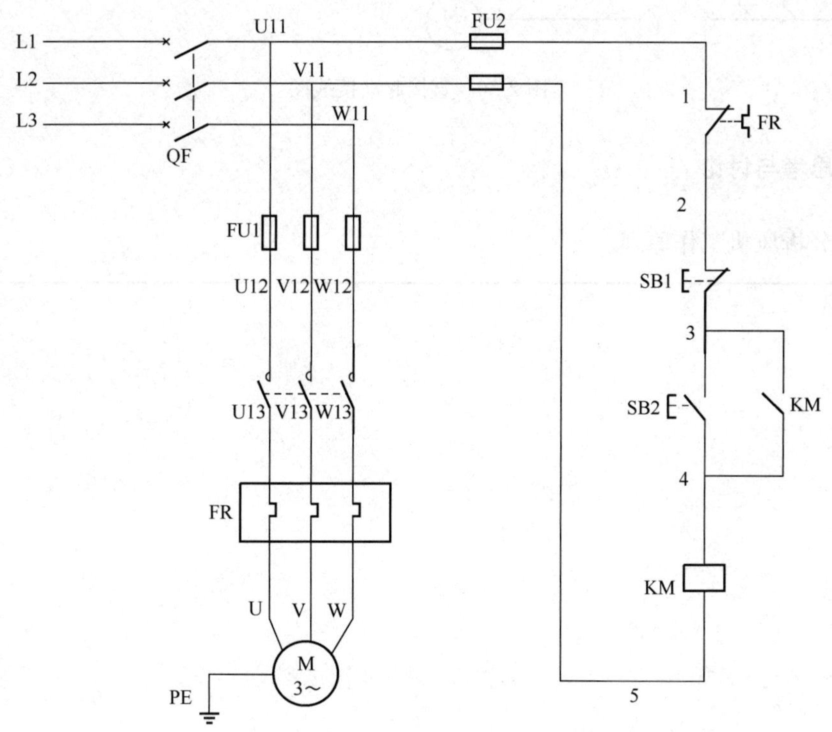

图 2-5 直接起动控制原理图

（二）接线图

直接起动接线图如图 2-6 所示。

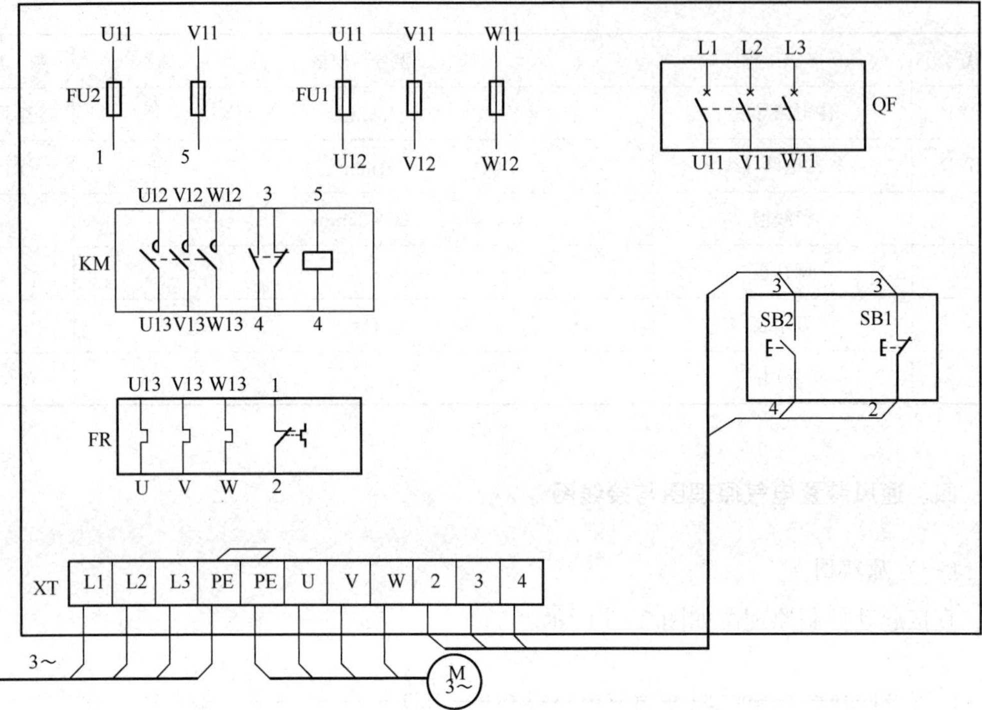

图 2-6 直接起动接线图

五、思考与讨论

（1）分析风机工作原理。

（2）简述图 2-5 中接触器的用途、结构及工作原理。

六、电路检查

（1）核对接线按电气原理图或电气接线图从电源端开始，逐段核对接线及接线端子处线号，重点检查主回路有无漏接、错接及控制回路中容易接错的线号，还应核对同一导线两端线号是否一致。

（2）检查端子接线是否牢固。检查端子上所有接线压接是否牢固，接触是否良好，不允许有松动、脱落现象，以免通电试车时因导线虚接造成故障。

七、调试现象记录及故障排除方案

八、项目考核

配分、评分标准和安全文明生产评价单见表 2 - 2。

表 2 - 2　配分、评分标准和安全文明生产评价单

主要内容	考核要求	评分标准	配分	扣分	得分
元件检查与安装	(1) 按图纸的要求，正确利用工具和仪表、熟练的安装电气元件 (2) 元件在配电盘上布置要合理，安装要正确紧固 (3) 按钮盒不固定在配电盘上	(1) 电动机质量检查每漏一处扣 2 分 (2) 电器元件错检或漏检每处扣 3 分 (3) 元件布置不整齐、不匀称、不合理、每只扣 5 分 (4) 元件安装不牢固，安装元件时漏装螺钉，每只扣 1 分 (5) 损坏元件每只扣 10 分	20		
布线	(1) 布线要求横平竖直，接线要求紧固美观 (2) 电源和电动机配线、按钮接线要接到端子排上，要注明引出端子标号 (3) 导线不能乱线敷设	(1) 电动机运行正常，但未按原理图接线，扣 3 分 (2) 布线不横平竖直，主电路、控制电路，每根扣 5 分 (3) 接点松动，接头铜过长，反圈，压绝缘层，标记线号不清楚，有遗漏或误标，每处扣 5 分 (4) 损伤导线绝缘或线芯，每根扣 2 分 (5) 漏接接地线扣 3 分 (6) 导线乱线敷设扣 10 分	40		
通电试验	在保证人身和设备安全的前提下,通电试验一次成功	(1) 不会使用仪表及测量方法不正确，每个仪表扣 5 分 (2) 主电路、控制电路熔体配错每个扣 5 分 (3) 各接点松动或不符合要求每个扣 1 分 (4) 热继电器整定值错误扣 2 分 (5) 一次试车不成功扣 5 分，二次试车不成功扣 10 分，三次试车不成功扣 15 分	30		
安全文明生产	(1) 劳动保护用品穿戴整齐 (2) 电工工具佩带齐全 (3) 遵守操作规程 (4) 尊重考评员，讲文明礼貌 (5) 考试结束要清理现场	(1) 各项考试中，违反考核要求的任何一项扣 2 分，扣完为止 (2) 考生在不同的技能试题考试中，违反安全文明生产考核要求同一项内容的，要累计扣 5 分 (3) 当考评员发现考生有重大事故隐患时，要立即予以制止，并每次从考生安全文明生产总分中扣 5 分	10		

续表

主要内容	考核要求	评分标准	配分	扣分	得分
备注		成绩			
		考评员签字	年　月　日		

训练项目 3　小型钻床电气控制柜的安装与调试

一、项目描述

某小型钻床的电气控制柜需实现三相异步电动机的点动与连续控制，该控制设备使用的三相异步电动机为 Y112M-2 型，其额定功率为 1kW，额定电压为 380V，额定电流为 2.5A，试根据该控制要求对其进行选型与安装、调试。

二、训练目的

（1）学会常用低压电器元件的作用。

（2）掌握电气控制柜的设计方法和安装方法。

（3）熟悉电气控制柜的调试方法。

三、任务要求

（1）分析小型钻床电气控制原理图，正确选择电气元件型号及导线规格，并按需求填写表 2-3 的明细清单。

（2）设计并绘制电气接线图。

（3）根据接线图进行安装、布线，并在断电情况下检测。

（4）在教师的指导下通电试车。

表 2-3　训练项目设备及器材明细表

代号	名　称	型号与规格	数　量
M	三相异步电动机	Y112M-2，1kW，380V，2.5A，△连接，2825r/min	
QF	断路器		
FU	熔断器及熔芯配套		

续表

代号	名　称	型号与规格	数　量
FU	熔断器及熔芯配套		
KM	接触器		
FR	热继电器		
SB	三联按钮		
XT	端子排		
BVR	主电路导线		
BVR	控制电路导线		
	行线槽		
	网孔板		
	万用表		
	劳保用品		

四、小型钻床电气原理图及接线图

（一）原理图

点动与连续控制原理如图 2-7 所示。

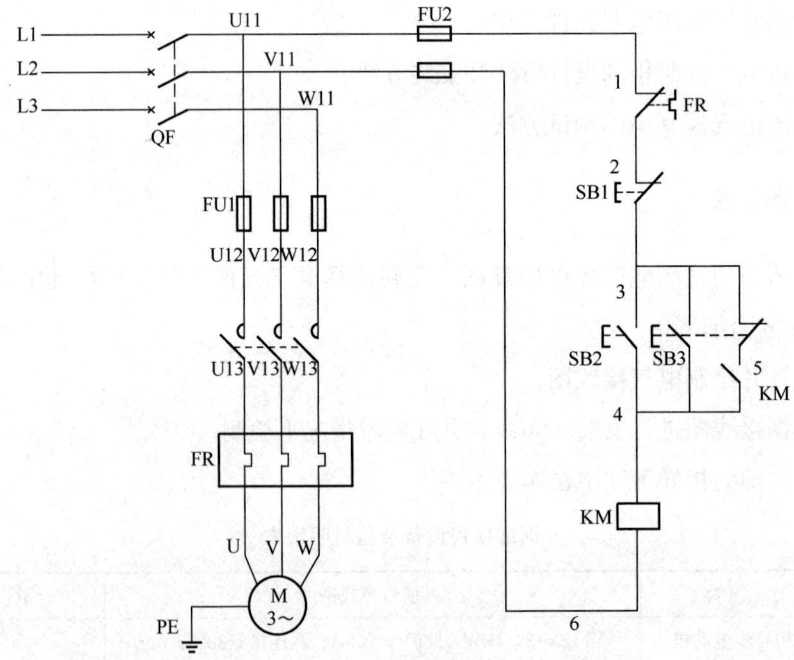

图 2-7　点动与连续控制原理

（二）接线图

点动与连续控制接线如图 2-8 所示。

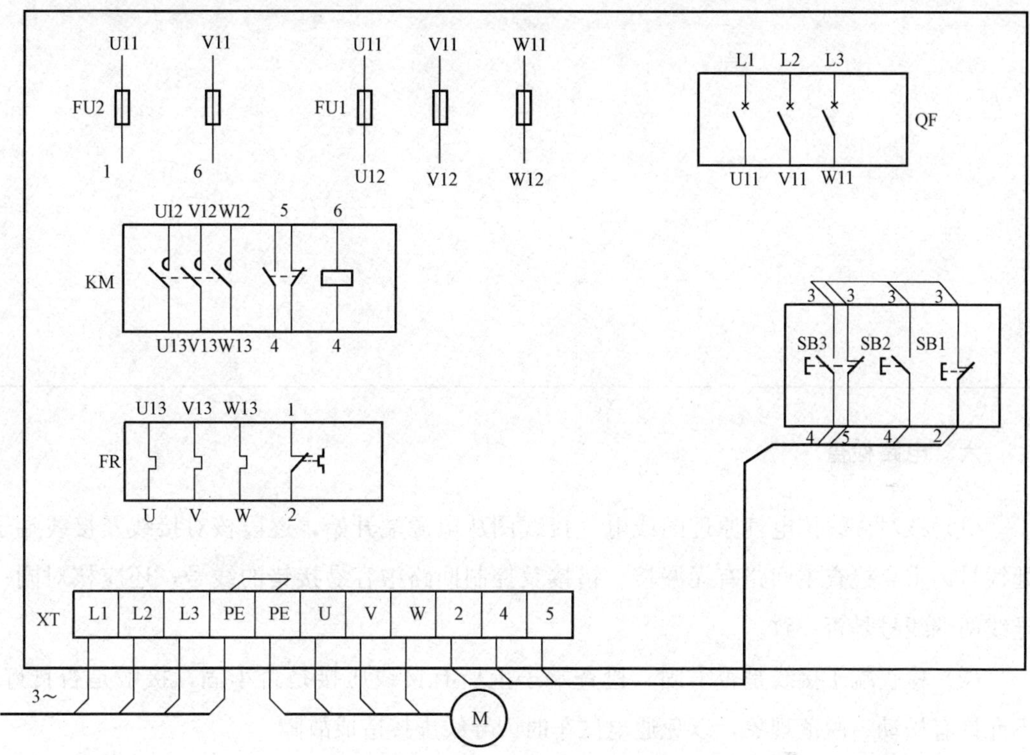

图 2-8 点动与连续控制接线

五、思考与讨论

（1）分析小型钻床的工作原理，并绘制流程图。

（2）简述复合按钮在线路中的作用。

六、电路检查

（1）核对接线按电气原理图或电气接线图从电源端开始，逐段核对接线及接线端子处线号，重点检查主回路有无漏接、错接及控制回路中容易接错的线号，还应核对同一导线两端线号是否一致。

（2）检查端子接线是否牢固。检查端子上所有接线压接是否牢固，接触是否良好，不允许有松动、脱落现象，以免通电试车时因导线虚接造成故障。

七、调试现象记录及故障排除方案

八、项目考核

配分、评分标准和安全文明生产评价单见表 2-4。

表 2-4 **配分、评分标准和安全文明生产评价单**

主要内容	考核要求	评分标准	配分	扣分	得分
元件检查与安装	(1) 按图纸的要求，正确利用工具和仪表、熟练地安装电气元件 (2) 元件在配电盘上布置要合理，安装要正确紧固 (3) 按钮盒不固定在配电盘上	(1) 电动机质量检查每漏一处扣2分 (2) 电器元件错检或漏检每处扣3分 (3) 元件布置不整齐、不匀称、不合理，每只扣5分 (4) 元件安装不牢固，安装元件时漏装螺钉，每只扣1分 (5) 损坏元件每只扣10分	20		
布线	(1) 布线要求横平竖直，接线要求紧固美观 (2) 电源和电动机配线、按钮接线要接到端子排上，要注明引出端子标号 (3) 导线不能乱线敷设	(1) 电动机运行正常，但未按原理图接线，扣3分 (2) 布线不横平竖直，主电路、控制电路，每根扣5分 (3) 接点松动，接头铜过长，反圈，压绝缘层，标记线号不清楚，有遗漏或误标，每处扣5分 (4) 损伤导线绝缘或线芯，每根扣2分 (5) 漏接接地线扣3分 (6) 导线乱线敷设扣10分	40		
通电试验	在保证人身和设备安全的前提下，通电试验一次成功	(1) 不会使用仪表及测量方法不正确，每个仪表扣5分 (2) 主电路、控制电路熔体配错每个扣5分 (3) 各接点松动或不符合要求每个扣1分 (4) 热继电器整定值错误扣2分 (5) 一次试车不成功扣5分，二次试车不成功扣10分，三次试车不成功扣15分	30		
安全文明生产	(1) 劳动保护用品穿戴整齐 (2) 电工工具佩带齐全 (3) 遵守操作规程 (4) 尊重考评员，讲文明礼貌 (5) 考试结束要清理现场	(1) 各项考试中，违反考核要求的任何一项扣2分，扣完为止 (2) 考生在不同的技能试题考试中，违反安全文明生产考核要求同一项内容的，要累计扣5分 (3) 当考评员发现考生有重大事故隐患时，要立即予以制止，并每次从考生安全文明生产总分中扣5分	10		

续表

主要内容	考核要求	评分标准		配分	扣分	得分
备注		成绩				
		考评员签字	年　月　日			

训练项目4　两级皮带运输线传动电气控制柜的安装与调试

一、项目描述

某皮带运输线的电气控制柜需实现两台三相异步电动机的顺序起动控制，该控制设备使用的两台三相异步电动机，其额定功率均为5.5kW，额定电压为380V，额定电流为11.6A，试根据该控制要求对其进行选型、安装与调试。

二、训练目的

（1）学会常用低压电器元件的作用。

（2）掌握电气控制柜的设计方法和安装方法。

（3）熟悉电气控制柜的调试方法。

三、任务要求

（1）分析两级皮带运输线传动的原理图，正确选择电气元件型号及导线规格，并按需求填写目录清单，见表2-5。

（2）设计并绘制电气接线图。

（3）根据接线图进行安装、布线，并在断电情况下检测。

（4）在教师的指导下通电试车。

表2-5　　训练项目设备及器材明细表

代号	名　称	型号与规格	数　量
M	三相异步电动机		
QF	断路器		
FU	熔断器及熔芯配套		

续表

代号	名　称	型号与规格	数　量
FU	熔断器及熔芯配套		
KM	接触器		
FR	热继电器		
SB	三联按钮		
XT	端子排		
BVR	主电路导线		
BVR	控制电路导线		
	行线槽		
	网孔板		
	万用表		
	劳保用品		

四、两级皮带运输线传动电气原理图及接线图

（一）原理图

顺序起动控制原理如图 2-9 所示。

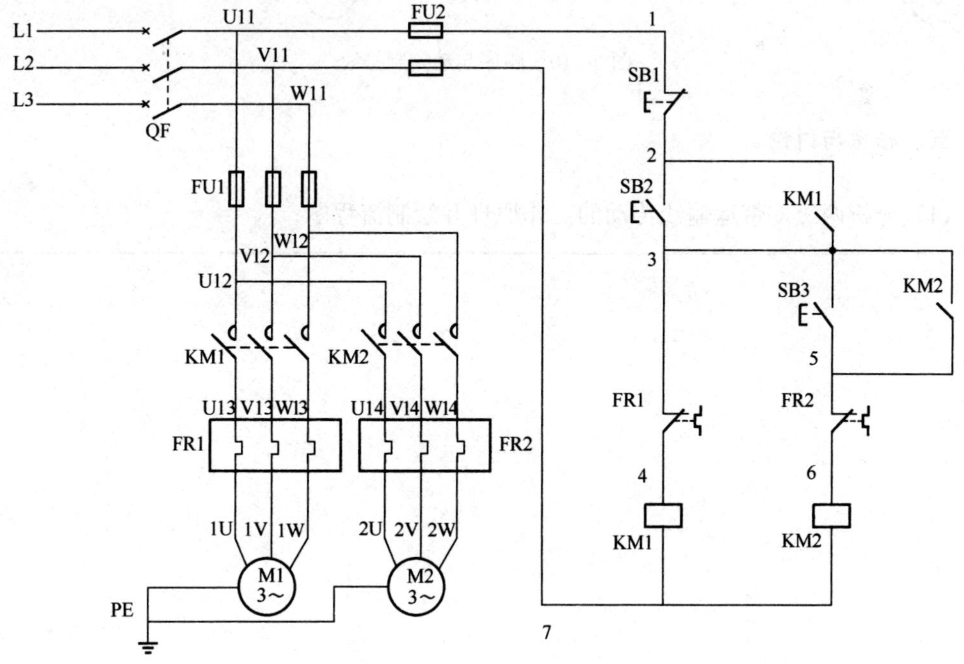

图 2-9　顺序起动控制原理

（二）接线图

顺序起动控制接线如图 2-10 所示。

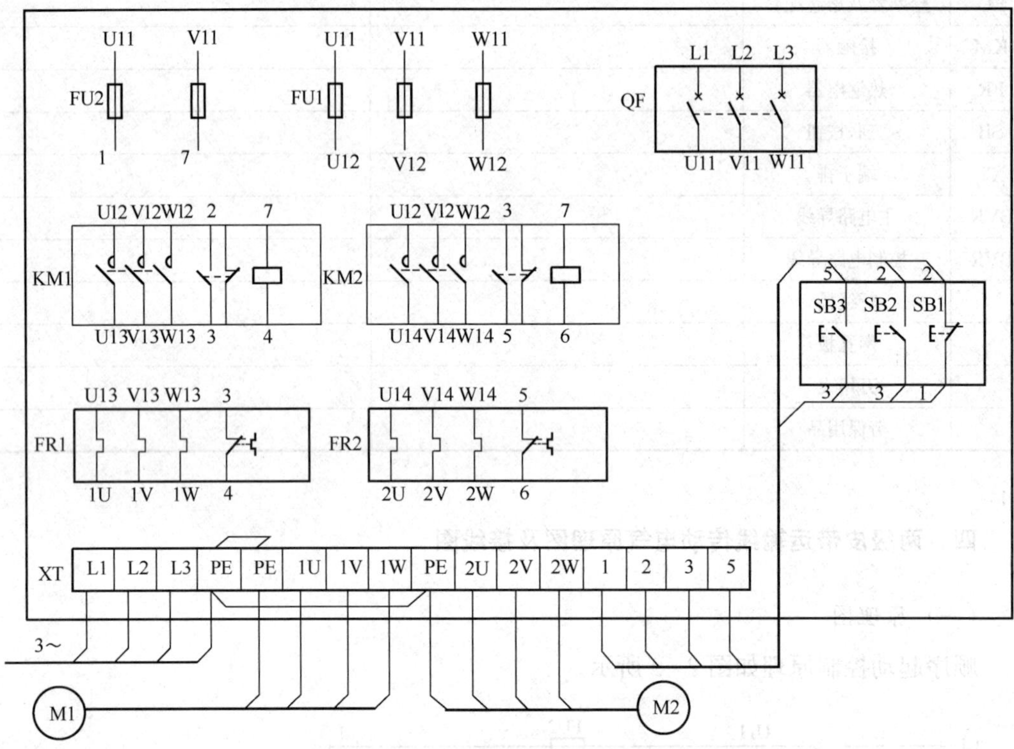

图 2-10 顺序起动控制接线

五、思考与讨论

（1）分析两级皮带运输线传动的工作原理并绘制流程图。

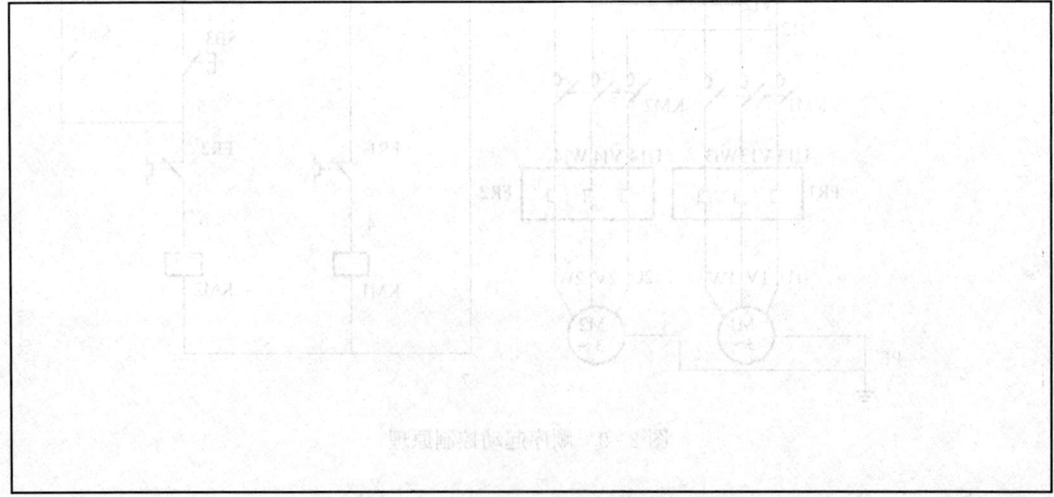

（2）本控制线路在操作时如果先按下 SB2 会有什么现象。

六、电路检查

（1）核对接线按电气原理图或电气接线图从电源端开始，逐段核对接线及接线端子处线号，重点检查主回路有无漏接、错接及控制回路中容易接错的线号，还应核对同一导线两端线号是否一致。

（2）检查端子接线是否牢固。检查端子上所有接线压接是否牢固，接触是否良好，不允许有松动、脱落现象，以免通电试车时因导线虚接造成故障。

七、调试现象记录及故障排除方案

八、项目考核

配分、评分标准和安全文明生产评价单见表 2-6。

表 2-6 配分、评分标准和安全文明生产评价单

主要内容	考核要求	评分标准	配分	扣分	得分
元件检查与安装	(1) 按图纸的要求，正确利用工具和仪表，熟练地安装电气元件 (2) 元件在配电盘上布置要合理，安装要正确紧固 (3) 按钮盒不固定在配电盘上	(1) 电动机质量检查每漏一处扣2分 (2) 电器元件错检或漏检，每处扣3分 (3) 元件布置不整齐、不匀称、不合理，每只扣5分 (4) 元件安装不牢固，安装元件时漏装螺钉，每只扣1分 (5) 损坏元件每只扣10分	20		
布线	(1) 布线要求横平竖直，接线要求紧固美观 (2) 电源和电动机配线、按钮接线要接到端子排上，要注明引出端子标号 (3) 导线不能乱线敷设	(1) 电动机运行正常，但未按原理图接线，扣3分 (2) 布线不横平竖直，主电路、控制电路每根扣5分 (3) 接点松动，接头铜过长，反圈，压绝缘层，标记线号不清楚，有遗漏或误标，每处扣5分 (4) 损伤导线绝缘或线芯，每根扣2分 (5) 漏接接地线扣3分 (6) 导线乱线敷设扣10分	40		
通电试验	在保证人身和设备安全的前提下，通电试验一次成功	(1) 不会使用仪表及测量方法不正确，每个仪表扣5分 (2) 主电路、控制电路熔体配错，每个扣5分 (3) 各接点松动或不符合要求，每个扣1分 (4) 热继电器整定值错误扣2分 (5) 一次试车不成功扣5分，二次试车不成功扣10分，三次试车不成功扣15分	30		
安全文明生产	(1) 劳动保护用品穿戴整齐 (2) 电工工具佩带齐全 (3) 遵守操作规程 (4) 尊重考评员，讲文明礼貌 (5) 考试结束要清理现场	(1) 各项考试中，违反考核要求的任何一项扣2分，扣完为止 (2) 考生在不同的技能试题考试中，违反安全文明生产考核要求同一项内容的，要累计扣5分 (3) 当考评员发现考生有重大事故隐患时，要立即予以制止，并每次从考生安全文明生产总分中扣5分	10		

续表

<table>
<tr><th>主要内容</th><th>考核要求</th><th>评分标准</th><th>配分</th><th>扣分</th><th>得分</th></tr>
<tr><td rowspan="2">备注</td><td rowspan="2"></td><td colspan="4">成绩</td></tr>
<tr><td>考评员签字</td><td colspan="3">年　月　日</td></tr>
</table>

训练项目 5　卷扬机电气控制线路的安装与调试

一、项目描述

某建筑工地的卷扬机需实现三相异步电动机的双重互锁正反转控制，该控制设备使用的三相异步电动机其额定功率为 5.5kW，额定电压为 380V，额定电流为 11.6A，试根据该控制要求对其进行选型与安装、调试。

二、训练目的

（1）学会常用低压电器元件的作用。

（2）掌握电气控制柜的设计方法和安装方法。

（3）熟悉电气控制柜的调试方法。

三、任务要求

（1）分析卷扬机控制线路的电路原理图，正确选择电气元件型号及导线规格，并按需求填写表 2-7 的目录清单。

（2）根据接线图进行安装、布线，并在断电情况下检测。

（3）在教师的指导下通电试车。

表 2-7　训练项目设备及器材明细表

代号	名　称	型号与规格	数　量
	三相异步电动机		
	熔断器及熔芯配套		
	熔断器及熔芯配套		
	接触器		
	热继电器		

续表

代号	名　称	型号与规格	数　量
	三联按钮		
	端子排		
	主电路导线		
	控制电路导线		
	按钮线		
	接地线		
	走线槽		
	控制板		
	异型编码套管		
	电工通用工具		
	万用表		
	兆欧表		
	网孔板		
	钳形电流表		
	劳保用品		

四、卷扬机电气控制线路原理图与接线图

（一）原理图

双重互锁正反转控制原理如图 2 - 11 所示。

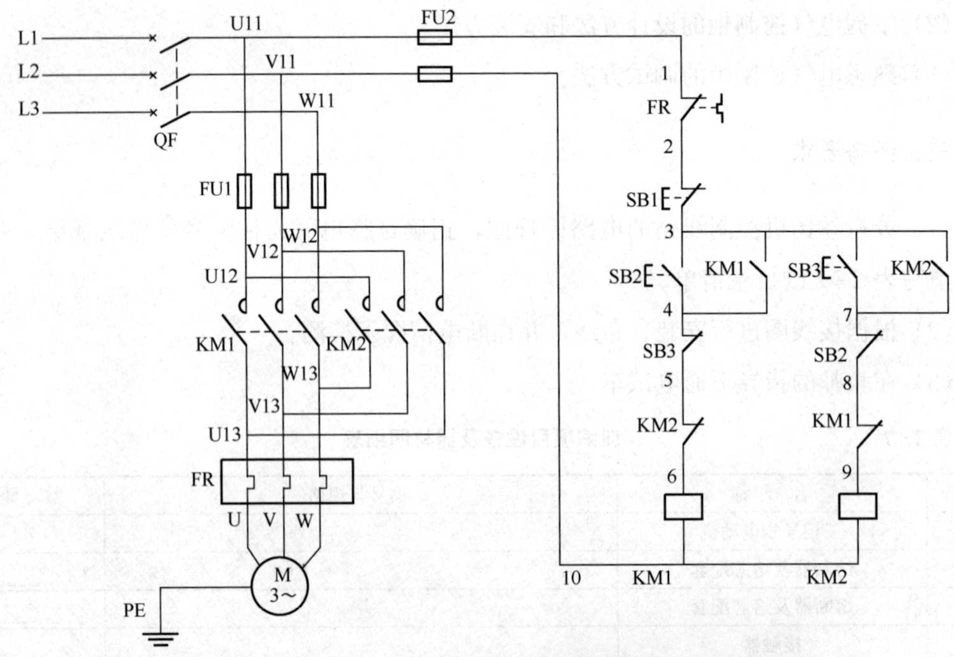

图 2 - 11　双重互锁正反转控制原理

（二）接线图

双重互锁正反转控制接线如图 2 - 12 所示。

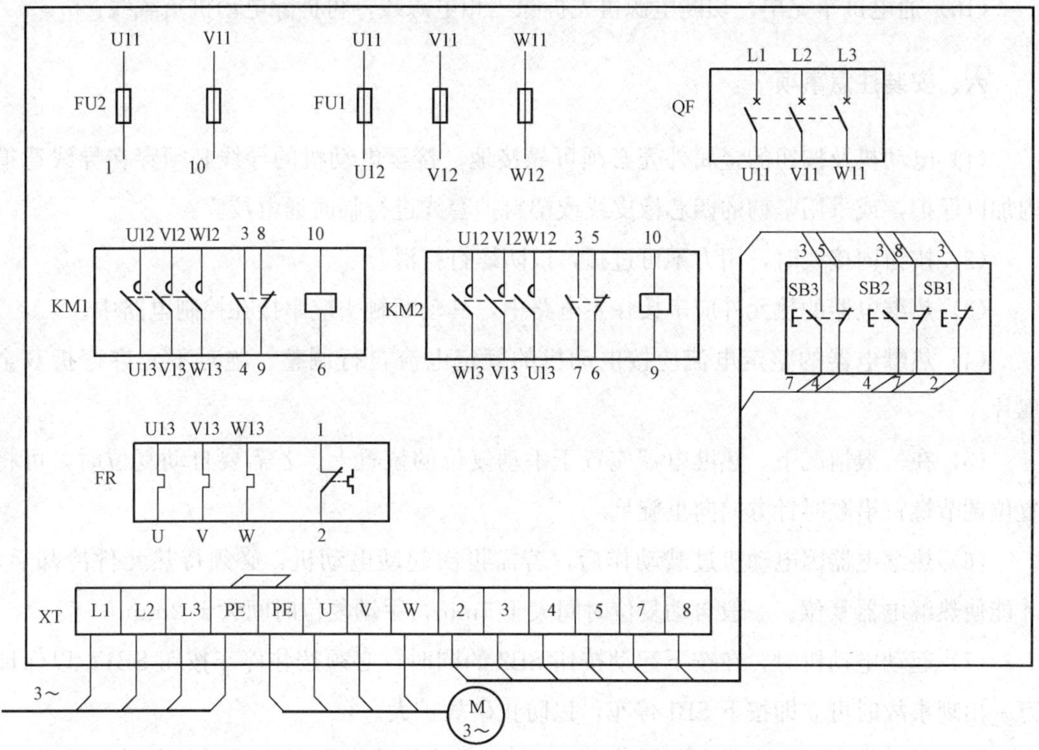

图 2 - 12 双重互锁正反转控制接线

五、安装工艺

（1）根据电器元件选配安装工具和控制板。

（2）绘制位置图，在控制板上按位置图固装电气元件，并贴上醒目的文字符号。

（3）绘制接线图，如图 2 - 12 所示，在控制板上按接线图的走线方法进行板前线槽明线布线和套编码套管。

（4）安装电动机。

（5）连接电动机和按钮金属外壳的保护接地线。

（6）连接电源、电动机等控制板外部的导线。

（7）自检布线的正确性、合理性、可靠性及元件安装的牢固性。确保无误后才能进行通电试车。

（8）交验。

（9）经指导教师检查合格后才能进行通电试车。通电时，由指导教师接通电源，并进行现场监护。如果出现故障，学生应独立进行检修。若需带电检修时，也必须有指导教师在现场监护。

（10）通电试车完毕，切断电源再先拆除三相电源线，再拆除电动机负载线。

六、安装注意事项

（1）电动机及按钮的金属外壳必须可靠接地。接至电动机的导线必须穿在导线通道内加以保护，或采用坚韧的四芯橡皮线或塑料护套线进行临时通电校验。

（2）按钮内接线时，用力不可过猛，以防螺钉打滑。

（3）热继电器的热元件应串接在主电路中，其动断触头应串接在控制电路中。

（4）热继电器的整定电流应按电动机的额定电流自行调整。绝对不允许弯折双金属片。

（5）在一般情况下，热继电器应置于手动复位的位置上。若需要自动复位时，可将复位调节螺钉沿顺时针方向向里旋足。

（6）热继电器因电动机过载动作后，若需再次起动电动机，必须待热元件冷却后，才能使热继电器复位。一般自动复位时间大于5min，手动复位时间大于2min。

（7）起动电动机时，在按下起动按钮SB2的同时，必须按住停车按钮SB1，以保证万一出现事故时可立即按下SB1停车，以防止事故扩大。

（8）通电试车时，合上电源开关QF，按下正转起动按钮SB2或反转起动按钮SB3，观察控制是否正常，并在按下SB2后再按下SB3，观察有无联锁作用。如果同时按下SB2和SB3时，观察电动机运行情况。

（9）编码套管套装要正确。

（10）通电试车时必须有指导老师在现场，并做到安全文明生产。

七、电路检查

1. 检查电路

（1）按照原理图、接线图逐线核查。重点检查主电路各接触器之间的关系，按钮连接线及控制电路的自锁线、联锁线有无错接、漏接、脱落、虚接等现象。

（2）检查导线与各端子的接线是否牢固。

（3）用万用表检查线路通断情况，用手操作来模拟触头分合动作，将万用表拨在$R\times100$电阻挡位进行测量。

（4）先检查主电路后检查控制电路。检查方法如下：

1）检查主电路。在不接负载情况下，断开电源用万用表欧姆挡分别测量开关QF下

端子 U_{12}-V_{12}、V_{12}-W_{12}、U_{12}-W_{12} 之间的电阻，应均为断路（$R\to\infty$）。若某次测量结果为短路（$R\to 0$），这说明所测两相之间的接线有短路现象，应仔细检查排除故障。

2）检查控制电路。断开电源用万用表欧姆挡将两表笔分别接在控制回路 L、N 两端，测量正转控制时分别按下接触器 KM1 的动触头（辅助动合触头闭合）或按钮 SB2，此时万用表应测得接触器 KM1 线圈电阻阻值，若在某次测量结果中出现无阻值现象，说明此线路接线有断路现象，应仔细检查，找出断路点，并排除故障。接下来做如下测试：当按下接触器 KM1 的动触头（辅助动合触头闭合时）万用表测得接触器 KM1 线圈电阻阻值，此时如果轻按接触器 KM2 动触头（辅助动合触头断开，动合触头未闭合时），万用表读数变化为无穷大（$R\to\infty$）。当按下正转起动按钮 SB2 时，万用表也将测得接触器 KM1 的线圈电阻阻值，此时若按下反转起动按钮 SB3，万用表读数应变化为无穷大（$R\to\infty$），这一现象说明电路接触器互锁和按钮互锁接线基本正确，可以进行通电试运行，再观察元器件的逻辑关系变化情况是否正常。反转控制测量原理同上，区别在于检测反转控制器件的起动、自锁、互锁之间的逻辑关系。

2. 试车

检查三相电源：将热继电器按电动机的额定电流整定好，在一人操作一人监护下进行试车。

（1）空操作试验。拆掉电动机绕组的连线，合上开关 QF。按下正转起动按钮 SB2，KM1 线圈通电动作，当按下反转起动按钮 SB3 时 KM1 线圈失电释放，KM2 线圈通电动作。此时按下停车按钮 SB1 时，KM2 线圈失电释放电路停止运行。重复操作几次，检查线路动作的可靠性。

（2）带负载试车。断开电源，恢复电动机连接线，并作好停车准备，合上开关 QF，接通电源。按下正转起动按钮 SB2，电动机通电起动，应注意电动机运行的声音，如电动机运行时发现异常现象，应立即停车检查后再投入运行，反转时按下 SB3 按钮注意事项同上。

3. 注意事项

（1）检修前先要掌握双重互锁起动控制电路中各个控制环节的作用和原理，并熟悉电动机的接线方法。

（2）在排除故障的过程中，故障分析、排除故障的思路和方法要正确。

（3）对用测电笔检测故障时，必须检查测电笔是否符合使用要求。

（4）不能随意更改线路和带电触摸电器元件。

（5）仪表使用要正确，以防止引出错误判断。

（6）在检修过程中严禁扩大和产生新的故障。

带电检修故障时，必须有指导教师在现场监护，并要确保用电安全。

八、调试现象记录及故障排除方案

九、项目考核

接触器按钮双重联锁正反转控制电路安装的配分、评分标准和安全文明生产评价单见表2-8。

表2-8　配分、评分标准和安全文明生产评价单

主要内容	考核要求	评分标准	配分	扣分	得分
元件检查与安装	（1）按图纸的要求，正确利用工具和仪表，熟练地安装电气元件 （2）元件在配电盘上布置要合理，安装要正确紧固 （3）按钮盒不固定在配电盘上	（1）电动机质量检查每漏一处扣2分 （2）电器元件错检或漏检每处扣3分 （3）元件布置不整齐、不匀称、不合理，每只扣5分 （4）元件安装不牢固，安装元件时漏装螺钉，每只扣1分 （5）损坏元件每只扣10分	20		
布线	（1）布线要求横平竖直，接线要求紧固美观 （2）电源和电动机配线、按钮接线要接到端子排上，要注明引出端子标号 （3）导线不能乱线敷设	（1）电动机运行正常，但未按原理图接线，扣3分 （2）布线不横平竖直，主电路、控制电路每根扣5分 （3）接点松动，接头铜过长，反圈，压绝缘层，标记线号不清楚，有遗漏或误标，每处扣5分 （4）损伤导线绝缘或线芯，每根扣2分 （5）漏接接地线扣3分 （6）导线乱线敷设扣10分	40		

续表

主要内容	考核要求	评分标准	配分	扣分	得分
通电试验	在保证人身和设备安全的前提下，通电试验一次成功	（1）不会使用仪表及测量方法不正确，每个仪表扣5分 （2）主电路、控制电路熔体配错，每个扣5分 （3）各接点松动或不符合要求，每个扣1分 （4）热继电器整定值错误扣2分 （5）一次试车不成功扣5分，二次试车不成功扣10分，三次试车不成功扣15分	30		
安全文明生产	（1）劳动保护用品穿戴整齐 （2）电工工具佩带齐全 （3）遵守操作规程 （4）尊重考评员，讲文明礼貌 （5）考试结束要清理现场	（1）各项考试中，违反考核要求的任何一项扣2分，扣完为止 （2）考生在不同的技能试题考试中，违反安全文明生产考核要求同一项内容的，要累计扣5分 （3）当考评员发现考生有重大事故隐患时，要立即予以制止，并每次从考生安全文明生产总分中扣5分	10		
备注		成绩			
		考评员签字	年 月 日		

训练项目6　自动往返电气控制箱的安装与调试

一、项目描述

某型号设备需实现自动往返控制，该控制设备使用的三相异步电动机，其额定功率为3kW，额定电压为380V，额定电流为6.3A，试根据该控制要求对其进行选型、安装与调试。

二、训练目的

（1）学会常用低压电器元件的作用。

（2）掌握电气控制箱的设计方法和安装方法。

（3）熟悉电气控制箱的调试方法。

三、任务要求

（1）分析平面磨床电路原理图，正确选择电气元件型号及导线规格，并按需求填写表 2-9 的目录清单。

（2）根据接线图进行安装、布线，并在断电情况下检测。

（3）在教师的指导下通电试车。

表 2-9　　训练项目设备及器材明细表

代号	名　称	型号与规格	数　量
	三相异步电动机		
	熔断器及熔芯配套		
	熔断器及熔芯配套		
	接触器		
	热继电器		
	三联按钮		
	端子排		
	主电路导线		
	控制电路导线		
	按钮线		
	接地线		
	走线槽		
	控制板		
	异型编码套管		
	电工通用工具		
	万用表		
	兆欧表		
	钳形电流表		
	劳保用品		
	网孔板		

四、自动往返电气控制原理图与接线图

（一）原理图

自动往返电气原理如图 2-13 所示。

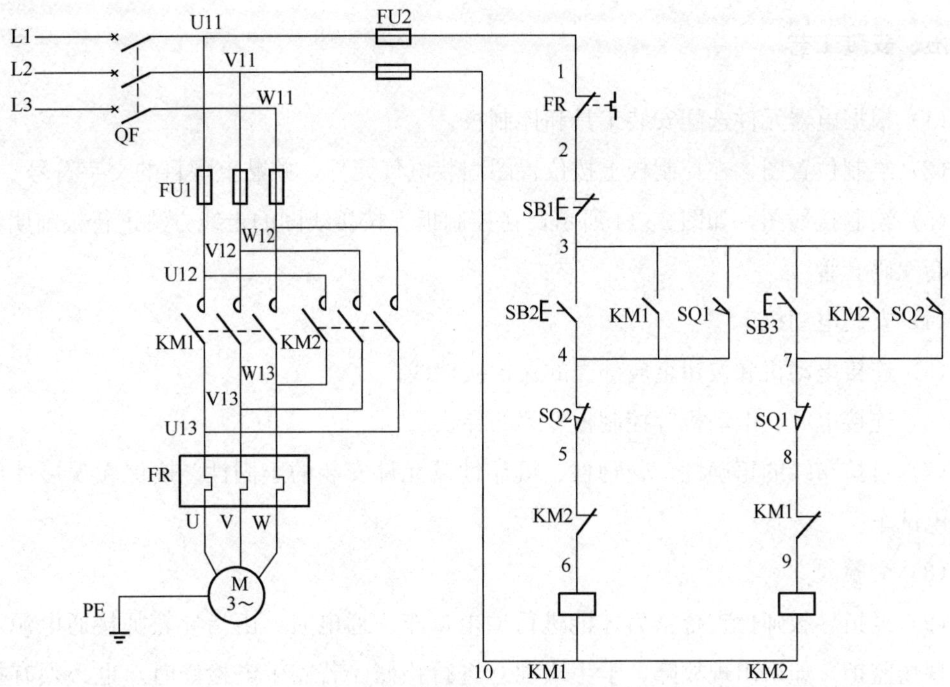

图 2-13　自动往返电气原理

（二）接线图

自动往返接线如图 2-14 所示。

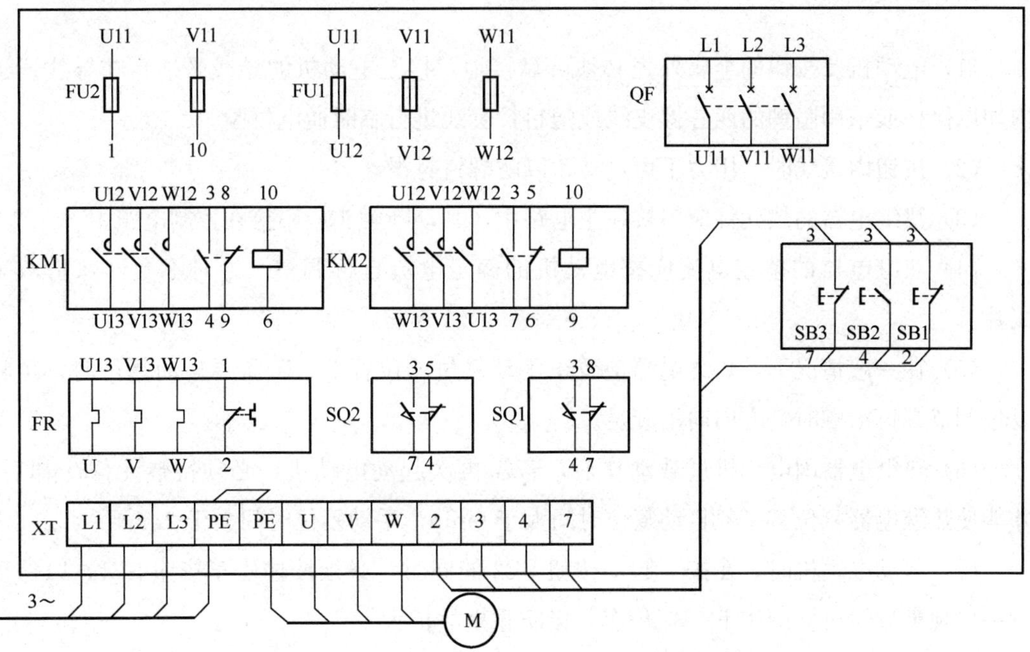

图 2-14　自动往返接线

五、安装工艺

(1) 根据电器元件选配安装工具和控制板。

(2) 绘制位置图，在控制板上按位置图固装电气元件，并贴上醒目的文字符号。

(3) 绘制接线图，如图 2-14 所示，在控制板上按接线图的走线方法进行板前明线布线和套编码套管。

(4) 安装电动机。

(5) 连接电动机和按钮金属外壳的保护接地线。

(6) 连接电源、电动机等控制板外部的导线。

(7) 自检布线的正确性、合理性、可靠性及元件安装的牢固性。确保无误后才能进行通电试车。

(8) 交验。

(9) 经指导教师检查合格后才能进行通电试车。通电时，由指导教师接通电源，并进行现场监护。如果出现故障，学生应独立进行检修。若需带电检修时，也必须有指导教师在现场监护。

(10) 通电试车完毕，先切断电源再拆除三相电源线，然后拆除电动机负载线。

六、安装注意事项

(1) 电动机及按钮的金属外壳必须可靠接地。接至电动机的导线必须穿在导线通道内加以保护或采用坚韧的四芯橡皮线或塑料护套线进行临时通电校验。

(2) 按钮内接线时，用力不可过猛，以防螺钉打滑。

(3) 热继电器的热元件应串接在主电路中，其动断触头应串接在控制电路中。

(4) 热继电器的整定电流应按电动机的额定电流自行调整。绝对不允许弯折双金属片。

(5) 在一般情况下，热继电器应置于手动复位的位置上。若需要自动复位时，可将复位调节螺钉沿顺时针方向向里旋足。

(6) 热继电器因电动机过载动作后，若需再次起动电动机，必须待热元件冷却后，才能使热继电器复位。一般自动复位时间大于 5min，手动复位时间大于 2min。

(7) 起动电动机时，在按下起动按钮 SB2 的同时，必须按住停车按钮 SB1，以保证万一出现事故时可立即按下 SB1 停车，以防止事故扩大。

(8) 通电试车时，合上电源开关 QS，按下正转起动按钮 SB2 或反转起动按钮 SB3，观察控制是否正常，并在按下 SB2 后再按下 SB3，观察有无联锁作用。如果同时按下

SB2 和 SB3 时，观察电动机运行情况。

（9）编码套管套装要正确。

（10）通电试车时必须有指导老师在现场，并做到安全文明生产。

七、电路检查

1. 检查线路

（1）按照原理图、接线图逐线核查。重点检查主电路各接触器之间的关系，按钮连接线及控制电路的自锁线、联锁线有无错接、漏接、脱落、虚接等现象。

（2）检查导线与各端子的接线是否牢固。

（3）用万用表检查线路通断情况，用手操作来模拟触头分合动作，将万用表拨在 $R\times100$ 电阻挡位进行测量。

（4）先检查主电路后检查控制电路。检查方法如下：

1）检查主电路。在不接负载情况下，断开电源用万用表欧姆挡分别测量开关 QF 下端子 U_{12}-V_{12}、V_{12}-W_{12}、U_{12}-W_{12}，应均为断路（$R\rightarrow\infty$）。若某次测量结果为短路（$R\rightarrow0$），这说明所测两相之间的接线有短路现象，应仔细检查排除故障。

2）检查控制电路。断开电源，用万用表欧姆挡将两表笔分别接在控制回路 L、N 两端，测量正转控制时分别按下接触器 KM1 的动触头（辅助动合触头闭合）或按钮 SB2、行程开关 SQ1 经三次测量万用表能够分别显示出接触器 KM1 线圈电阻阻值，若有一次无阻值显示，说明此线路接线有断路现象，应仔细检查，找出断路点，并排除故障。如果三次测量中均有 KM1 线圈电阻阻值，此时测量中如果同时按下接触器 KM1 和 KM2，或同时按下 SQ1 和 SQ2 行程开关，万用表读数均变化为无穷大（$R\rightarrow\infty$），说明电路接触器互锁和限位（行程开关）互锁控制线路基本正确，可以进行通电试运行，然后观察元器件的逻辑转换关系是否正确。

2. 试车

检查三相电源将热继电器按电动机的额定电流整定好，在一人操作一人监护下进行试车。

（1）空操作试验。拆掉电动机绕组的连线，合上开关 QF。按下正转起动按钮 SB2 时，KM1 线圈通电动作；当按下限位开关 SQ2 时，KM1 线圈失电释放，KM2 线圈通电动作。此时按下停车按钮 SB1，KM1 或 KM2 线圈失电释放。重复操作几次，检查线路动作的可靠性。

（2）带负载试车。断开电源，恢复电动机连接线，并作好停车准备，合上开关 QF，接通电源。按下正转起动按钮 SB2，电动机通电起动，应注意电动机运行的声音，如电动机运行时发现异常现象，应立即停车检查后再投入运行，反转时按下 SQ2 限位开关，注意事项同上。

3. 注意事项

（1）检修前先要掌握自动往返控制电路中各个控制环节的作用和原理，并熟悉电动机的接线方法。

（2）在排除故障的过程中，故障分析、排除故障的思路和方法要正确。

（3）对用测电笔检测故障时，必须检查测电笔是否符合使用要求。

（4）不能随意更改线路和带电触摸电器元件。

（5）仪表使用要正确，以防止引出错误判断。

（6）在检修过程中严禁扩大和产生新的故障。

（7）带电检修故障时，必须有指导教师在现场监护，并要确保用电安全。

八、调试现象记录及故障排除方案

九、项目考核

配分、评分标准和安全文明生产评价单见表 2 - 10。

表 2-10　　配分、评分标准和安全文明生产评价单

主要内容	考核要求	评分标准	配分	扣分	得分
元件检查与安装	（1）按图纸的要求，正确利用工具和仪表，熟练地安装电气元件 （2）元件在配电盘上布置要合理，安装要正确紧固 （3）按钮盒不固定在配电盘上	（1）电动机质量检查每漏一处扣 2 分 （2）电器元件错检或漏检每处扣 3 分 （3）元件布置不整齐、不匀称、不合理，每只扣 5 分 （4）元件安装不牢固，安装元件时漏装螺钉，每只扣 1 分 （5）损坏元件每只扣 10 分	20		
布线	（1）布线要求横平竖直，接线要求紧固美观 （2）电源和电动机配线、按钮接线要接到端子排上，要注明引出端子标号 （3）导线不能乱线敷设	（1）电动机运行正常，但未按原理图接线，扣 3 分 （2）布线不横平竖直，主电路、控制电路每根扣 5 分 （3）接点松动，接头铜过长，反圈，压绝缘层，标记线号不清楚，有遗漏或误标，每处扣 5 分 （4）损伤导线绝缘或线芯，每根扣 2 分 （5）漏接接地线扣 3 分 （6）导线乱线敷设扣 10 分	40		
通电试验	在保证人身和设备安全的前提下，通电试验一次成功	（1）不会使用仪表及测量方法不正确，每个仪表扣 5 分 （2）主电路、控制电路熔体配错每个扣 5 分 （3）各接点松动或不符合要求每个扣 1 分 （4）热继电器整定值错误扣 2 分 （5）一次试车不成功扣 5 分，二次试车不成功扣 10 分，三次试车不成功扣 15 分	30		
安全文明生产	（1）劳动保护用品穿戴整齐 （2）电工工具佩带齐全 （3）遵守操作规程 （4）尊重考评员，讲文明礼貌 （5）考试结束要清理现场	（1）各项考试中，违反考核要求的任何一项扣 2 分，扣完为止 （2）考生在不同的技能试题考试中，违反安全文明生产考核要求同一项内容的，要累计扣 5 分 （3）当考评员发现考生有重大事故隐患时，要立即予以制止，并每次从考生安全文明生产总分中扣 5 分	10		
备注		成绩			
		考评员签字	年　月　日		

训练项目 7　供热加压泵站电气控制柜的安装与调试

一、项目描述

某供热加压泵站需实现 Y-△降压起动控制，该控制设备使用的三相异步电动机，其额定功率为 55kW，额定电压为 380V，额定电流为 103A，试根据该控制要求对其进行选型、安装与调试。

二、训练目的

（1）学会常用低压电器元件的作用。

（2）掌握电气控制箱的设计方法和安装方法。

（3）熟悉电气控制箱的调试方法。

三、任务要求

（1）分析供热加压泵站系统电路原理图，正确选择电气元件型号及导线规格，并按需求填写表 2-11 目录清单。

（2）根据接线图进行安装、布线。

（3）在教师的指导下通电试车。

表 2-11　　训练项目设备及器材明细表

代号	名　称	型号与规格	数　量
	三相异步电动机		
	熔断器及熔芯配套		
	熔断器及熔芯配套		
	接触器		
	时间继电器		
	热继电器		
	三联按钮		
	端子排		
	主电路导线		
	控制电路导线		
	按钮线		
	接地线		

续表

代号	名　　称	型号与规格	数　量
	走线槽		
	控制板		
	异型编码套管		
	电工通用工具		
	万用表		
	兆欧表		
	钳形电流表		
	网孔板		
	劳保用品		

四、供热加压泵站电气控制原理图与接线图

（一）原理图

Y-△降压起动电气原理如图 2-15 所示。

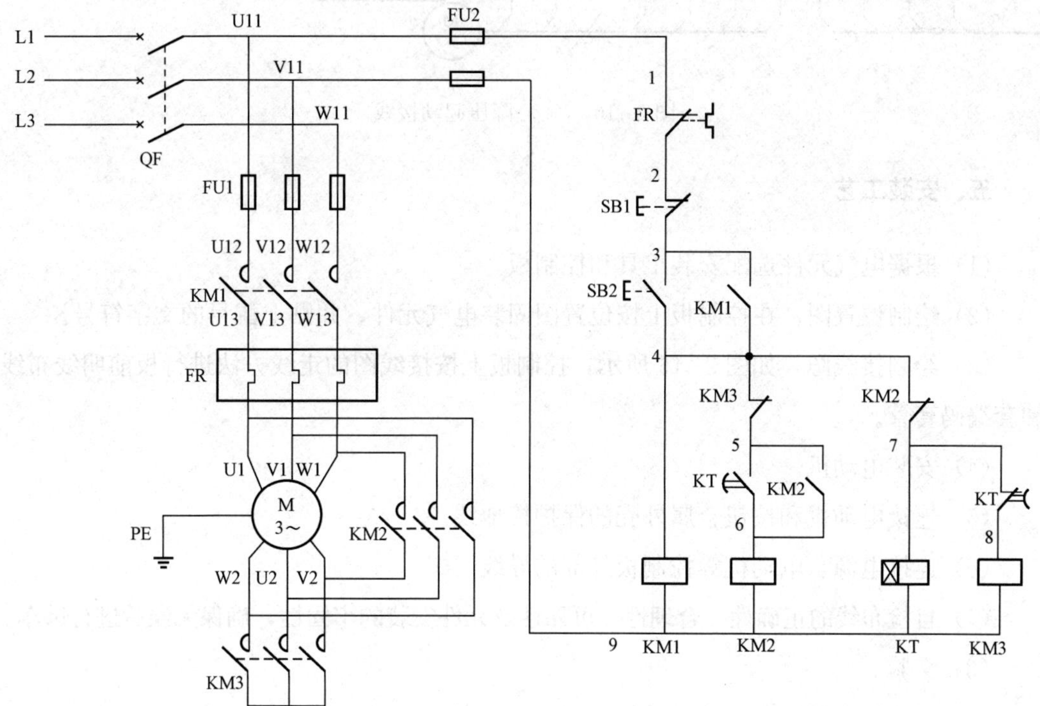

图 2-15　Y-△降压起动电气原理

(二) 接线图

Y-△降压起动接线如图 2-16 所示。

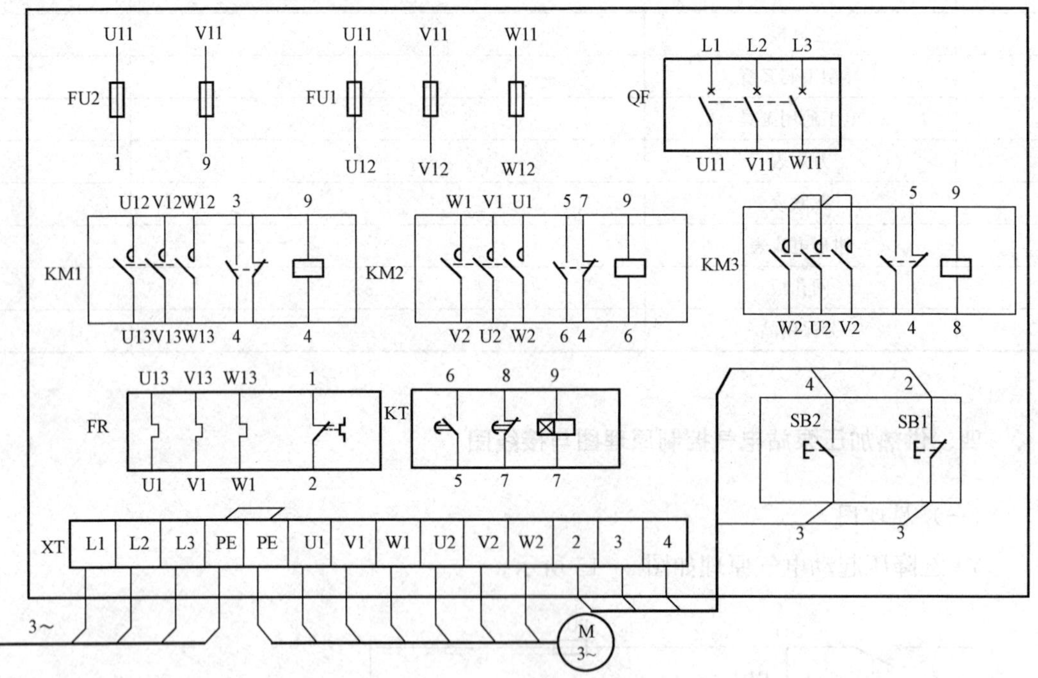

图 2-16 Y-△降压起动接线

五、安装工艺

(1) 根据电气元件选配安装工具和控制板。

(2) 绘制位置图，在控制板上按位置图固装电气元件，并贴上醒目的文字符号。

(3) 绘制接线图，如图 2-16 所示，控制板上按接线图的走线方法进行板前明线布线和套编码套管。

(4) 安装电动机。

(5) 连接电动机和按钮金属外壳的保护接地线。

(6) 连接电源、电动机等控制板外部的导线。

(7) 自检布线的正确性、合理性、可靠性及元件安装的牢固性，确保无误后进行试车。

(8) 交验。

(9) 经指导教师检查合格后才能进行通电试车。

(10) 通电试车完毕，先拆除三相电源线，再拆除电动机负载线。

六、安装注意事项

（1）电动机及按钮的金属外壳必须可靠接地。接至电动机的导线必须穿在导线通道内加以保护，或采用坚韧的四芯橡皮线或塑料护套线进行临时通电校验。

（2）Y-△减压起动的电动机必须有6个出线端子且定子绕组在△形连接时的额定电压等于三相电源线电压。

（3）按钮内接线时，用力不可过猛，以防螺钉打滑。

（4）热继电器的热元件应串接在主电路中，其动断触头应串接在控制电路中。

（5）热继电器的整定电流应按电动机的额定电流自行调整，绝对不允许弯折双金属片。

（6）时间继电器和热继电器的整定值，应在不通电时预先整定好，并在试车时校正。

（7）时间继电器的安装位置，必须使时间继电器断电后，动铁心释放时的运动方向垂直向下。

（8）接线时要保证电动机△形连接的正确性，即接触器KM2主触头闭合时，应保证定子绕组的U1与W2、V1与U2、W1与V2相连接。

（9）接触器KM3的进线必须从三相定子绕组的末端引入，若误将其从首端引入，则在KM3吸合时，会产生三相电源短路事故。

（10）编码套管套装要正确。

（11）通电试车时必须有指导教师在现场，并做到安全文明生产。

（12）在通电试车时，学生就根据Y-△减压起动控制电路的控制要求进行独立校验，如果出现故障应能自行排除。

七、电路检查

1. 检查线路

（1）按照原理图、接线图逐线核查。重点检查主电路各接触器之间的关系，Y、△连接的连接线及控制电路的自锁线、联锁线有无错接、漏接、脱落、虚接等现象。

（2）检查导线与各端子的接线是否牢固。

（3）用万用表检查线路通断情况，用手操作来模拟触头分合动作，将万用表拨在$R\times100$电阻挡位进行测量。

（4）先检查主电路后检查控制电路。检查方法如下：

1）检查主电路。在不接负载的情况下，断开电源用万用表欧姆挡分别测量开关QF下端子U_{12}-V_{12}、V_{12}-W_{12}、U_{12}-W_{12}之间的电阻，在按下接触器KM1使其主触头闭合，在分别按下 KM2、KM3 接触器测量各相间电阻万用表读数应均为断路（$R\to\infty$）。若某次测量结果为短路（$R\to 0$），这说明所测两相之间的接线有短路现象，应仔细检查排除故障。

带上负载时：

Y 起动电路，同时按下接触器 KM1 和 KM3 的动触头，重复上述测量，用万用表应分别测得电动机各相绕组的阻值，且阻值大小基本相同。若某次测量结果为断路（$R\to\infty$），这说明所测两相之间的接线有断路现象，应仔细检查，找出断路点，并排除故障。

△起动电路，同时按下接触器 KM1 和 KM2 的动触头，重复上述测量，用万用表应分别测得电动机两相绕组串联后电阻值，且阻值大小基本相同。若某次测量结果为断路（$R\to\infty$），这说明所测两相之间的接线有断路现象。

2）检查控制电路，将万用表表笔接到 L1、N 处进行以下检查：

按下起动按钮 SB2，万用表将测得 KM1、KT 和 KM3 三个线圈的并联电阻阻值。当按下接触器 KM1 的动触头，（辅助动合触头闭合）也应测出 KM1、KT 和 KM3 三个线圈的并联电阻阻值；若有一次无阻值显示说明此线路接线有断路现象，应仔细检查，找出断路点，并排除故障。接下来再做如下测量：单独按下接触器 KM1 动触头（辅助动合触头闭合），万用表测得 KM1、KT 和 KM3 三个线圈的并联电阻阻值，若此时轻按接触器 KM2（辅助动断点断开、动合点还未闭合时）三个线圈的并联电阻值将失去 KT 和 KM3 两组线圈，保留 KM1 一组线圈电阻阻值，此时万用表读数将变大。如果这时将接触器 KM2 完全按下使接触器 KM2 辅助动合点闭合，这时应测得 KM1、KM2 两个线圈并联电阻值，万用表读数变小。这一现象说明控制电路起动和 Y、△转换基本正确，可以进行通电试运行，然后观察元器件逻辑关系是否正确，再做相应的调整。如无上述现象，线路有错误点，需认真检查线路排除故障。

2. 试车

检查三相电源：将热继电器按电动机的额定电流整定好，在一人操作一人监护下进行试车。

（1）空操作试验。拆掉电动机绕组的连线，合上开关 QF。按下起动按钮 SB2，KM1、KM3 和 KT 线圈应同时通电动作，待 KT 的延时断开触头分断后，KM3 断电释放，同时 KT 的延时闭合触头接通，KM2 线圈通电动作，KM2 动断触头分断，KM3 和 KT 退出运行。按下停车按钮 SB1 时，KM1 和 KM2 同时释放。重复操作几次，检查线路动作的可靠性。

（2）带负载试车。断开电源，恢复电动机连接线，并作好停车准备，合上开关 QF，接通电源。按下起动按钮 SB2，电动机通电起动，应注意电动机运行的声音，待几秒后线路转换，观察电动机是否全压运行转速达到额定值。若Y-△转换时间不合适，可调节KT的延时旋钮，使延时转换时间更准确。如电动机运行时发现异常现象，应立即停车检查。

3. 注意事项

(1) 检修前先要掌握Y-△减压起动控制电路中各个控制环节的作用和原理，并熟悉电动机的接线方法。

(2) 在排除故障的过程中，故障分析、排除故障的思路和方法要正确。

(3) 对用测电笔检测故障时，必须检查测电笔是否符合使用要求。

(4) 不能随意更改线路和带电触摸电器元件。

(5) 仪表使用要正确，以防止引出错误判断。

(6) 在检修过程中严禁扩大和产生新的故障。

(7) 带电检修故障时，必须有指导教师在现场监护，并要确保用电安全。

八、调试现象记录及故障排除方案

九、项目考核

Y-△减压起动控制电路安装的配分、评分标准和安全文明生产评价单见表2-12。

表 2-12 配分、评分标准和安全文明生产评价单

主要内容	考核要求	评分标准	配分	扣分	得分
元件检查与安装	(1) 按图纸的要求，正确利用工具和仪表、熟练的安装电气元件 (2) 元件在配电盘上布置要合理，安装要正确紧固 (3) 按钮盒不固定在配电盘上	(1) 电动机质量检查每漏一处扣 2 分 (2) 电器元件错检或漏检每处扣 3 分 (3) 元件布置不整齐、不匀称、不合理，每只扣 5 分 (4) 元件安装不牢固，安装元件时漏装螺钉，每只扣 1 分 (5) 损坏元件每只扣 10 分	20		
布线	(1) 布线要求横平竖直，接线要求紧固美观 (2) 电源和电动机配线、按钮接线要接到端子排上，要注明引出端子标号 (3) 导线不能乱线敷设	(1) 电动机运行正常，但未按原理图接线，扣 3 分 (2) 布线不横平竖直，主电路、控制电路每根扣 5 分 (3) 接点松动，接头铜过长，反圈，压绝缘层，标记线号不清楚，有遗漏或误标，每处扣 5 分 (4) 损伤导线绝缘或线芯，每根扣 2 分 (5) 漏接接地线扣 3 分 (6) 导线乱线敷设扣 10 分	40		
通电试验	在保证人身和设备安全的前提下，通电试验一次成功	(1) 不会使用仪表及测量方法不正确，每个仪表扣 5 分 (2) 主电路、控制电路熔体配错每个扣 5 分 (3) 各接点松动或不符合要求每个扣 1 分 (4) 热继电器整定值错误扣 2 分 (5) 一次试车不成功扣 5 分，二次试车不成功扣 10 分，三次试车不成功扣 15 分	30		
安全文明生产	(1) 劳动保护用品穿戴整齐 (2) 电工工具佩带齐全 (3) 遵守操作规程 (4) 尊重考评员，讲文明礼貌 (5) 考试结束要清理现场	(1) 各项考试中，违反考核要求的任何一项扣 2 分，扣完为止 (2) 考生在不同的技能试题考试中，违反安全文明生产考核要求同一项内容的，要累计扣 5 分 (3) 当考评员发现考生有重大事故隐患时，要立即予以制止，并每次从考生安全文明生产总分中扣 5 分	10		

续表

主要内容	考核要求	评分标准	配分	扣分	得分
备注		成绩			
		考评员签字	年 月 日		

综合技能训练项目

综合训练 1　双向运转半波能耗制动电路的安装

一、资讯

该控制设备使用的三相异步电动机，其额定功率为 3kW，额定电压为 380V，额定电流为 6.3A，试根据该控制要求对其进行选型、安装与调试。

（1）学会常用低压电器元件的作用。

（2）掌握双向运转半波能耗制动电路的设计方法和安装方法。

（3）熟悉双向运转半波能耗制动电路的调试方法。

二、决策

（1）根据设计要求，正确选择电气元件型号及导线规格，并按需求填写目录清单。

（2）设计并绘制电气接线图。

（3）对导线进行线号标识。

（4）根据接线图进行安装、布线。

（5）在教师的指导下通电试车。

三、计划

训练项目设备及器材明细表见表 3-1。双向运转半波能耗制动电路如图 3-1 所示。

表 3-1　　训练项目设备及器材明细表

代号	名　称	型号与规格	数　量

续表

代号	名　称	型号与规格	数　量

四、实施

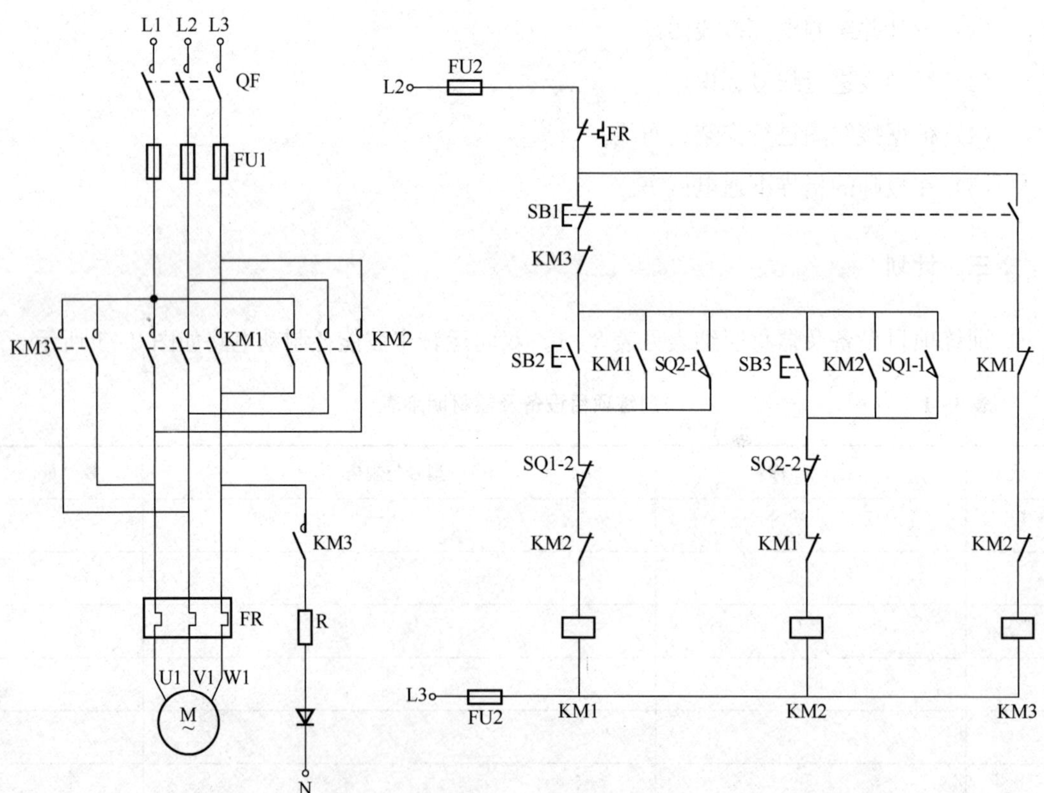

图 3-1　双向运转半波能耗制动电路

五、检查

1. 检查线路

(1) 按照原理图(见图 3-1)、接线图逐线核查。重点检查主电路各接触器之间的关系，按钮连接线及控制电路的自锁线、联锁线有无错接、漏接、脱落、虚接等现象。

(2) 检查导线与各端子的接线是否牢固。

(3) 用万用表检查线路通断情况，用手操作来模拟触头分合动作，将万用表拨在 $R\times100$ 电阻挡位进行测量。

(4) 先检查主电路后检查控制电路。检查方法如下:

1) 检查主电路。在不接负载情况下，断开电源用万用表欧姆挡分别测量开关 QF 下端子 U_{12}-V_{12}、V_{12}-W_{12}、U_{12}-W_{12} 之间的电阻，应均为断路($R\to\infty$)。若某次测量结果为短路($R\to0$)，这说明所测两相之间的接线有短路现象，应仔细检查排除故障。在接上三相电动机时分别按下接触器 KM1 或 KM2 时，将测得电动机的各相绕组阻值。

2) 检查控制电路。断开电源，用万用表欧姆挡将两表笔分别接在控制回路 L、N 两端，测量正转控制时分别按下接触器 KM1 的动触头(辅助动合触头闭合)或按钮 SB2、行程开关 SQ2 经三次测量万用表能够分别测得接触器 KM1 线圈电阻阻值，若有一次无阻值显示说明此线路接线有断路现象，应仔细检查，找出断路点，并排除故障。如果三次测量中均有 KM1 线圈阻值显示时，此时如果按下接触器 KM3 的动触头(辅助动断触头断开)，万用表读数将变化为无穷大($R\to\infty$)，当电路同时按下 KM1 和 KM2 或同时按下 SQ1 和 SQ2 时，万用表读数也将变化为无穷大($R\to\infty$)，说明电路有接触器互锁和限位(行程开关)互锁。检测反转控制时分别按下接触器 KM2 或按钮 SB3，行程开关 SQ1 将会测得 KM2 线圈电阻，具体测量方法同上。

测量制动控制时按下 SB1 复合按钮(动断触点断开、动合触点闭合)，此时万用表将测得接触器 KM3 线圈电阻阻值，若轻按接触器 KM1 和 KM2(注意用力方法应使接触器辅助动断触点断开，辅助动合触点还未闭合时)万用表读数将变化为无穷大($R\to\infty$)，这一现象说明接触器 KM1、KM2 对接触器 KM3 有联锁作用，控制线路基本正确，可以进行通电试运行，然后查看元器件逻辑运行关系是否正确。

2. 注意事项

(1) 检修前先要掌握双向运转半波整流能耗制动控制电路中各个控制环节的作用和原理，并熟悉电动机的接线方法。

(2) 在排除故障的过程中，故障分析、排除故障的思路和方法要正确。

(3) 此电路能耗制动时为手动控制，当电机停转时应及时松开 SB1 停止按钮。

六、调试现象记录及故障排除方案

七、项目考核

配分、评分标准和安全文明生产评价单见表 3 - 2。

表 3 - 2 配分、评分标准和安全文明生产评价单

主要内容	考核要求	评分标准	配分	扣分	得分
元件检查与安装	（1）按图纸的要求，正确利用工具和仪表、熟练的安装电气元件 （2）元件在配电盘上布置要合理，安装要正确紧固 （3）按钮盒不固定在配电盘上	（1）电动机质量检查每漏一处扣 2 分 （2）电器元件错检或漏检每处扣 3 分 （3）元件布置不整齐、不匀称、不合理，每只扣 5 分 （4）元件安装不牢固，安装元件时漏装螺钉，每只扣 1 分 （5）损坏元件每只扣 10 分	20		
布线	（1）布线要求横平竖直，接线要求紧固美观 （2）电源和电动机配线、按钮接线要接到端子排上，要注明引出端子标号 （3）导线不能乱线敷设	（1）电动机运行正常，但未按原理图接线，扣 3 分 （2）布线不横平竖直，主电路、控制电路每根扣 5 分 （3）接点松动，接头铜过长，反圈，压绝缘层，标记线号不清楚，有遗漏或误标，每处扣 5 分 （4）损伤导线绝缘或线芯，每根扣 2 分 （5）漏接接地线扣 3 分 （6）导线乱线敷设扣 10 分	40		

续表

主要内容	考核要求	评分标准	配分	扣分	得分
通电试验	在保证人身和设备安全的前提下,通电试验一次成功	(1) 不会使用仪表及测量方法不正确，每个仪表扣5分 (2) 主电路、控制电路熔体配错每个扣5分 (3) 各接点松动或不符合要求每个扣1分 (4) 热继电器整定值错误扣2分 (5) 一次试车不成功扣5分，二次试车不成功扣10分，三次试车不成功扣15分	30		
安全文明生产	(1) 劳动保护用品穿戴整齐 (2) 电工工具佩带齐全 (3) 遵守操作规程 (4) 尊重考评员，讲文明礼貌 (5) 考试结束要清理现场	(1) 各项考试中，违反考核要求的任何一项扣2分，扣完为止 (2) 考生在不同的技能试题考试中，违反安全文明生产考核要求同一项内容的，要累计扣5分 (3) 当考评员发现考生有重大事故隐患时，要立即予以制止，并每次从考生安全文明生产总分中扣5分	10		
备注		成绩			
		考评员签字	年 月 日		

综合训练2 双速异步电动机自动加速电路的安装

一、资讯

该控制设备使用的三相异步电动机，其额定功率为0.85kW，额定电压为380V，额定电流为2.2A，试根据该控制要求对其进行选型、安装与调试。

(1) 学会常用低压电器元件的作用。

（2）掌握双速异步电动机自动加速电路的设计方法和安装方法。

（3）熟悉双速异步电动机自动加速电路的调试方法。

二、决策

（1）根据设计要求，正确选择电气元件型号及导线规格，并按需求填写目录清单。

（2）设计并绘制电气接线图。

（3）对导线进行线号标识。

（4）根据接线图进行安装、布线。

（5）在教师的指导下通电试车。

三、计划

训练项目设备及器材明细表见表 3 - 3。双速异步电动机自动加速电路原理图如图 3 - 2 所示。

表 3 - 3　　训练项目设备及器材明细表

代号	名　称	型号与规格	数　量

四、实施

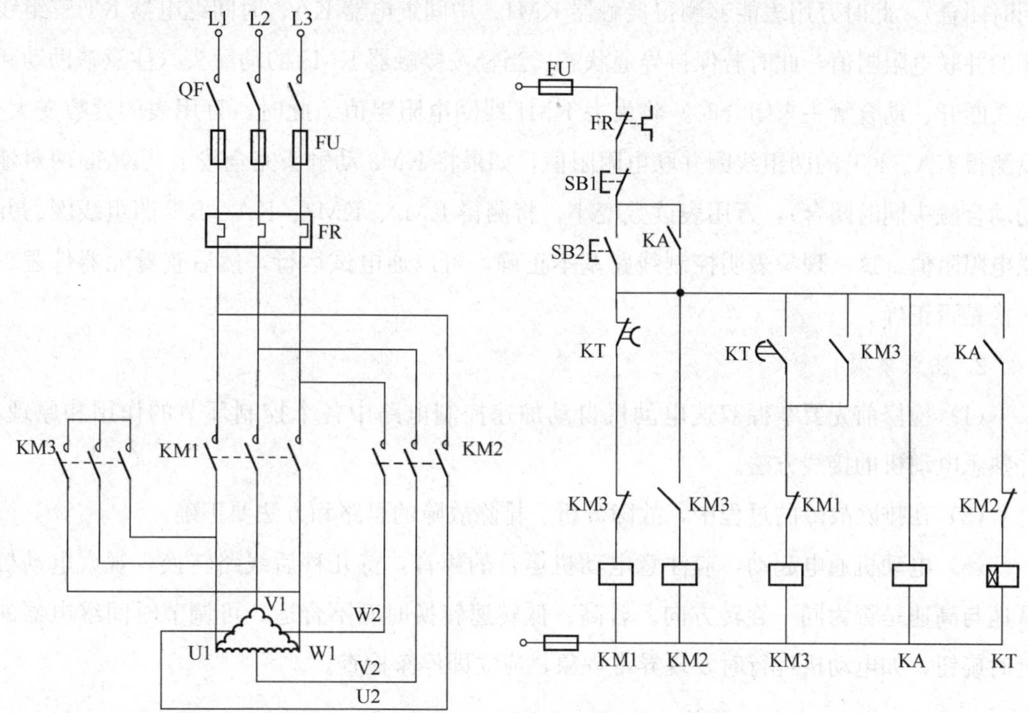

图 3-2 双速异步电动机自动加速电路原理图

五、检查

1. 检查线路

（1）按照原理图（见图 3-2）、接线图逐线核查。重点检查主电路各接触器之间的关系，按钮连接线及控制电路的自锁线、联锁线有无错接、漏接、脱落、虚接等现象。

（2）检查导线与各端子的接线是否牢固。

（3）用万用表检查线路通断情况，用手操作来模拟触头分合动作，将万用表拨在 $R\times100$ 电阻挡位进行测量。

（4）先检查主电路后检查控制电路。检查方法如下：

1）检查主电路。在不接负载情况下，断开电源用万用表欧姆挡分别测量开关 QF 下端子 U_{12}-V_{12}、V_{12}-W_{12}、U_{12}-W_{12} 之间的电阻，应均为断路（$R\rightarrow\infty$）。若某次测量结果为短路（$R\rightarrow0$），这说明所测两相之间的接线有短路现象，应仔细检查排除故障。

2）检查控制电路。断开电源，用万用表欧姆挡将两表笔分别接在控制回路 L、N 两端，测量起动控制时按下起动按钮 SB2，万用表能够测得接触器 KM1 和中间继电器 KA 两组线圈的并联电阻阻值。下一步，按下中间继电器 KA 的动触头（辅助动合触头两对同时闭合），此时万用表能够测得接触器 KM1、中间继电器 KA、时间继电器 KT 三组线圈的并联电阻阻值，此时若保持导通状态，当轻按接触器 KM3 的动触头（注意辅助动断触头断开、动合触头未闭合时）将失去 KM1 线圈电阻阻值。此时，万用表的读数变大，只测得 KA、KT 的两组线圈并联电阻阻值，如果将 KM3 动触头完全按下（KM3 两对辅助动合触头同时闭合），万用表读数变小，将测得 KM2、KM3、KA、KT 四组线圈的并联电阻阻值，这一现象表明控制线路基本正确，可以通电试运行，然后查看元器件逻辑转换是否正确。

2. 注意事项

(1) 检修前先要掌握双速电动机自动加速控制电路中各个控制环节的作用和原理，并熟悉电动机的接线方法。

(2) 在排除故障的过程中，故障分析、排除故障的思路和方法要正确。

(3) 电动机通电起动，应注意电动机运行的声音，待几秒后线路转换，观察电动机低速与高速是否为同一旋转方向。若高、低转速转换时间不合适，可调节时间继电器的延时旋钮，如电动机运行时发现异常现象，应立即停车检查。

六、调试现象记录及故障排除方案

七、项目考核

配分、评分标准和安全文明生产评价单见表 3-4。

表 3-4　配分、评分标准和安全文明生产评价单

主要内容	考核要求	评分标准	配分	扣分	得分
元件检查与安装	(1) 按图纸的要求，正确利用工具和仪表，熟练地安装电气元件 (2) 元件在配电盘上布置要合理，安装要正确紧固 (3) 按钮盒不固定在配电盘上	(1) 电动机质量检查每漏一处扣2分 (2) 电器元件错检或漏检每处扣3分 (3) 元件布置不整齐、不匀称、不合理，每只扣5分 (4) 元件安装不牢固，安装元件时漏装螺钉，每只扣1分 (5) 损坏元件每只扣10分	20		
布线	(1) 布线要求横平竖直，接线要求紧固美观 (2) 电源和电动机配线、按钮接线要接到端子排上，要注明引出端子标号 (3) 导线不能乱线敷设	(1) 电动机运行正常，但未按原理图接线，扣3分 (2) 布线不横平竖直，主电路、控制电路每根扣5分 (3) 接点松动，接头铜过长，反圈，压绝缘层，标记线号不清楚，有遗漏或误标，每处扣5分 (4) 损伤导线绝缘或线芯，每根扣2分 (5) 漏接接地线扣3分 (6) 导线乱线敷设扣10分	40		
通电试验	在保证人身和设备安全的前提下，通电试验一次成功	(1) 不会使用仪表及测量方法不正确，每个仪表扣5分 (2) 主电路、控制电路熔体配错每个扣5分 (3) 各接点松动或不符合要求每个扣1分 (4) 热继电器整定值错误扣2分 (5) 一次试车不成功扣5分，二次试车不成功扣10分，三次试车不成功扣15分	30		
安全文明生产	(1) 劳动保护用品穿戴整齐 (2) 电工工具佩带齐全 (3) 遵守操作规程 (4) 尊重考评员，讲文明礼貌 (5) 考试结束要清理现场	(1) 各项考试中，违反考核要求的任何一项扣2分，扣完为止 (2) 考生在不同的技能试题考试中，违反安全文明生产考核要求同一项内容的，要累计扣5分 (3) 当考评员发现考生有重大事故隐患时，要立即予以制止，并每次从考生安全文明生产总分中扣5分	10		

续表

<table>
<tr><th>主要内容</th><th>考核要求</th><th>评分标准</th><th>配分</th><th>扣分</th><th>得分</th></tr>
<tr><td rowspan="2">备注</td><td rowspan="2"></td><td>成绩</td><td colspan="3"></td></tr>
<tr><td>考评员签字</td><td colspan="3">年　月　日</td></tr>
</table>

综合训练3　双向Y-△降压起动电路的安装

一、资讯

该控制设备使用的三相异步电动机，其额定功率为5.5kW，额定电压为380V，额定电流为11.5A，试根据该控制要求对其进行选型、安装与调试。

(1) 学会常用低压电器元件的作用。

(2) 掌握双向Y-△降压起动电路的设计方法和安装方法。

(3) 熟悉双向Y-△降压起动电路的调试方法。

二、决策

(1) 根据设计要求，正确选择电气元件型号及导线规格，并按需求填写目录清单。

(2) 设计并绘制电气接线图。

(3) 对导线进行线号标识。

(4) 根据接线图进行安装、布线。

(5) 在教师的指导下通电试车。

三、计划

训练项目设备及器材明细表见表3-5。

表3-5　训练项目设备及器材明细表

代号	名　称	型号与规格	数　量

续表

代号	名　称	型号与规格	数　量

四、实施

双向 Y-△降压起动电路原理图如图 3-3 所示。

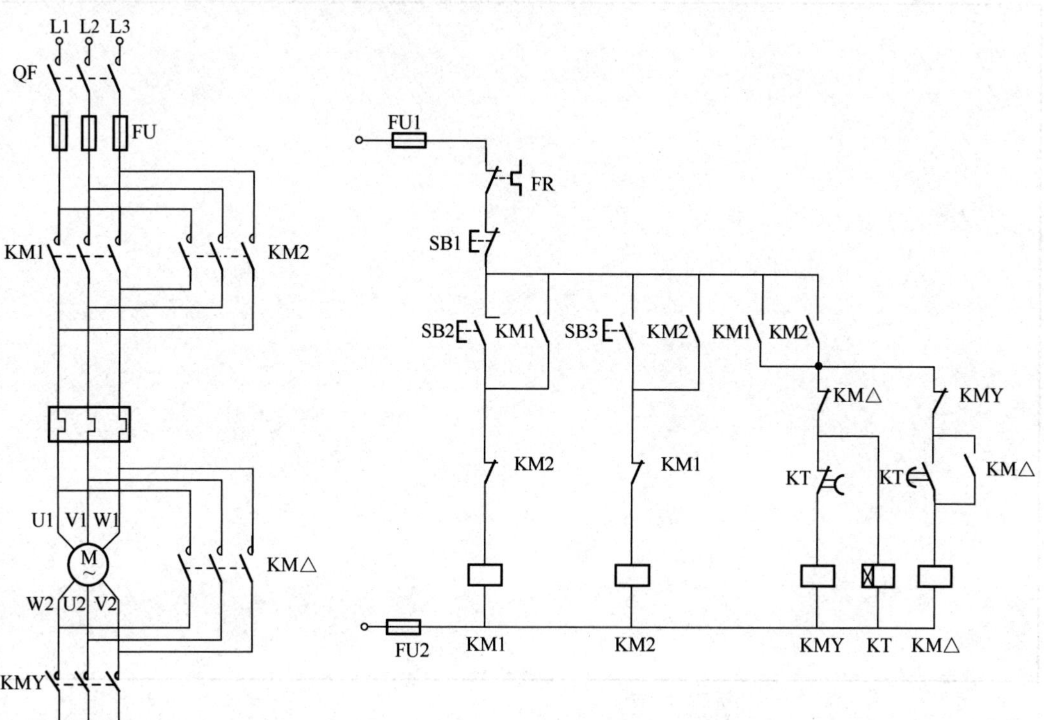

图 3-3　双向 Y-△降压起动电路原理图

五、检查

（1）本电路与基本训练项目中 Y-△降压起动控制线路的检测方法相似，不同之处是增加反转时的 Y-△降压，测量时可参照训练项目 7 的检测方法。

（2）注意事项。

1）检修前先要掌握 Y-△减压起动控制电路中各个控制环节的作用和原理，并熟悉电动机的接线方法。

2）在排除故障的过程中，故障分析、排除故障的思路和方法要正确。

3）对用测电笔检测故障时，必须检查测电笔是否符合使用要求。

4）不能随意更改线路和带电触摸电器元件。

5）仪表使用要正确，以防止引出错误判断。

6）在检修过程中严禁扩大和产生新的故障。

7）带电检修故障时，必须有指导教师在现场监护，并要确保用电安全。

六、调试现象记录及故障排除方案

七、项目考核

配分、评分标准和安全文明生产评价单见表 3-6。

表 3-6 配分、评分标准和安全文明生产评价单

主要内容	考核要求	评分标准	配分	扣分	得分
元件检查与安装	（1）按图纸的要求，正确利用工具和仪表、熟练的安装电气元件 （2）元件在配电盘上布置要合理，安装要正确紧固 （3）按钮盒不固定在配电盘上	（1）电动机质量检查每漏一处扣 2 分 （2）电器元件错检或漏检每处扣 3 分 （3）元件布置不整齐、不匀称、不合理，每只扣 5 分 （4）元件安装不牢固，安装元件时漏装螺钉，每只扣 1 分 （5）损坏元件每只扣 10 分	20		
布线	（1）布线要求横平竖直，接线要求紧固美观 （2）电源和电动机配线、按钮接线要接到端子排上，要注明引出端子标号 （3）导线不能乱线敷设	（1）电动机运行正常，但未按原理图接线，扣 3 分 （2）布线不横平竖直，主电路、控制电路每根扣 5 分 （3）接点松动，接头铜过长，反圈，压绝缘层，标记线号不清楚，有遗漏或误标，每处扣 5 分 （4）损伤导线绝缘或线芯，每根扣 2 分 （5）漏接接地线扣 3 分 （6）导线乱线敷设扣 10 分	40		
通电试验	在保证人身和设备安全的前提下，通电试验一次成功	（1）不会使用仪表及测量方法不正确，每个仪表扣 5 分 （2）主电路、控制电路熔体配错每个扣 5 分 （3）各接点松动或不符合要求每个扣 1 分 （4）热继电器整定值错误扣 2 分 （5）一次试车不成功扣 5 分，二次试车不成功扣 10 分，三次试车不成功扣 15 分	30		
安全文明生产	（1）劳动保护用品穿戴整齐 （2）电工工具佩带齐全 （3）遵守操作规程 （4）尊重考评员，讲文明礼貌 （5）考试结束要清理现场	（1）各项考试中，违反考核要求的任何一项扣 2 分，扣完为止 （2）考生在不同的技能试题考试中，违反安全文明生产考核要求同一项内容的，要累计扣 5 分 （3）当考评员发现考生有重大事故隐患时，要立即予以制止，并每次从考生安全文明生产总分中扣 5 分	10		

续表

主要内容	考核要求	评分标准	配分	扣分	得分
备注		成绩			
		考评员签字	年　月　日		

综合训练 4　定子串电阻减压起动电路的安装

一、资讯

该控制设备使用的三相异步电动机，其额定功率为 3kW，额定电压为 380V，额定电流为 6.3A，试根据该控制要求对其进行选型、安装与调试。

(1) 学会常用低压电器元件的作用。

(2) 掌握定子串电阻减压起动电路的设计方法和安装方法。

(3) 熟悉定子串电阻减压起动电路的调试方法。

二、决策

(1) 根据设计要求，正确选择电气元件型号及导线规格，并按需求填写目录清单。

(2) 设计并绘制电气接线图。

(3) 对导线进行线号标识。

(4) 根据接线图进行安装、布线。

(5) 在教师的指导下通电试车。

三、计划

训练项目设备及器材明细表见表 3-7。

表 3-7　　训练项目设备及器材明细表

代号	名　称	型号与规格	数　量

续表

代号	名　称	型号与规格	数　量

四、实施

定子串电阻减压起动电路原理图如图 3-4 所示。

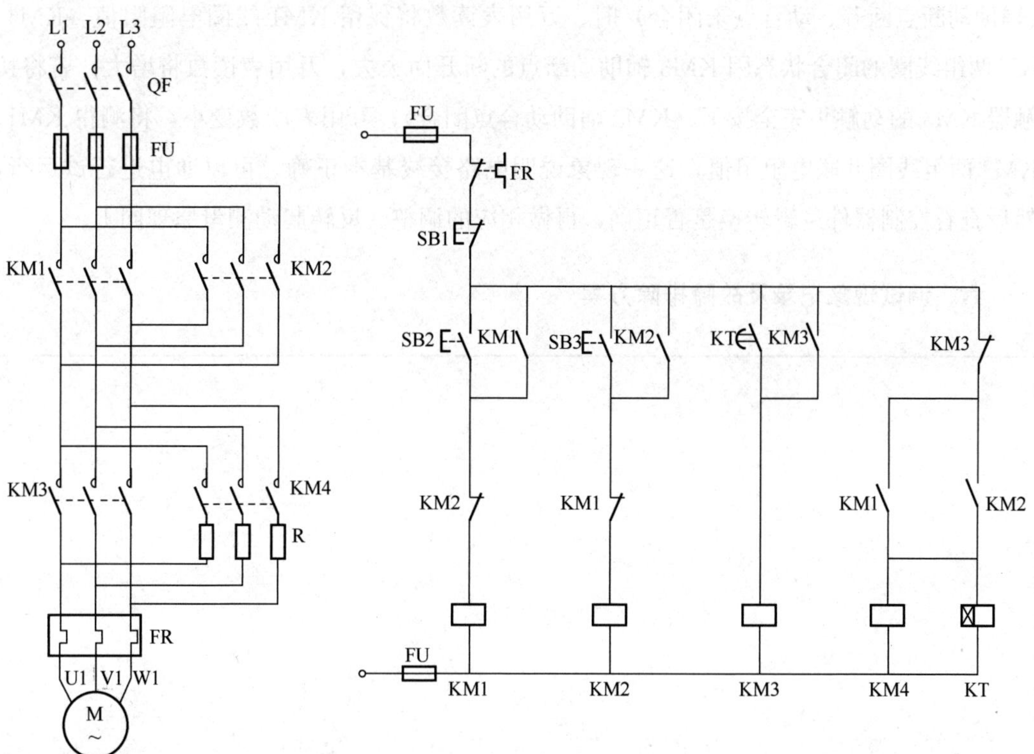

图 3-4　定子串电阻减压起动电路原理图

五、检查

(1) 按照原理图（见图 3-4)、接线图逐线核查。重点检查主电路各接触器之间的关系，按钮连接线及控制电路的自锁线、联锁线有无错接、漏接、脱落、虚接等现象。

(2) 检查导线与各端子的接线是否牢固。

(3) 用万用表检查线路通断情况，用手操作来模拟触头分合动作，将万用表拨在 $R\times100$ 电阻挡位进行测量。

(4) 先检查主电路后检查控制电路。检查方法如下：

1) 检查主电路。在不接负载情况下，断开电源用万用表欧姆挡分别测量开关 QF 下端子 U_{12}-V_{12}、V_{12}-W_{12}、U_{12}-W_{12} 之间的电阻，应均为断路（$R\to\infty$)。若某次测量结果为短路（$R\to0$)，这说明所测两相之间的接线有短路现象，应仔细检查排除故障。

2) 检查控制电路。断开电源，用万用表欧姆挡将两表笔分别接在控制回路 L、N 两端，测量正转起动时，按下 SB2 起动按钮万用表将显示接触器 KM1 的线圈电阻阻值，当按下接触器 KM1 的动触头（两对辅助动合触头同时闭合)，万用表将测得 KM1、KM4、KT 三组线圈的并联电阻阻值，此时若保持导通状态，轻按接触器 KM3 的动触头（辅助动断点断开、动合点未闭合）时，万用表读数将保留 KM1 线圈电阻阻值。KM4、KT 两组线圈的闭合状态因 KM3 辅助动断点的断开而失去，万用表读数将增大。若将接触器 KM3 的动触头完全按下（KM3 辅助动合点闭合)，万用表读数变小，将测得 KM1、KM3 两组线圈并联电阻阻值，这一现象说明电路接线基本正确，可以通电进行试运行，然后查看控制器件逻辑转换是否正确，再做相应的调整。反转起动测量原理同上。

六、调试现象记录及故障排除方案

七、项目考核

配分、评分标准和安全文明生产评价单见表3-8。

表3-8 配分、评分标准和安全文明生产评价单

主要内容	考核要求	评分标准	配分	扣分	得分
元件检查与安装	(1) 按图纸的要求，正确利用工具和仪表，熟练地安装电气元件 (2) 元件在配电盘上布置要合理，安装要正确紧固 (3) 按钮盒不固定在配电盘上	(1) 电动机质量检查每漏一处扣2分 (2) 电器元件错检或漏检每处扣3分 (3) 元件布置不整齐、不匀称、不合理，每只扣5分 (4) 元件安装不牢固，安装元件时漏装螺钉，每只扣1分 (5) 损坏元件每只扣10分	20		
布线	(1) 布线要求横平竖直，接线要求紧固美观 (2) 电源和电动机配线、按钮接线要接到端子排上，要注明引出端子标号 (3) 导线不能乱线敷设	(1) 电动机运行正常，但未按原理图接线，扣3分 (2) 布线不横平竖直，主电路、控制电路每根扣5分 (3) 接点松动，接头铜过长，反圈，压绝缘层，标记线号不清楚，有遗漏或误标，每处扣5分 (4) 损伤导线绝缘或线芯，每根扣2分 (5) 漏接接地线扣3分 (6) 导线乱线敷设扣10分	40		
通电试验	在保证人身和设备安全的前提下,通电试验一次成功	(1) 不会使用仪表及测量方法不正确，每个仪表扣5分 (2) 主电路、控制电路熔体配错每个扣5分 (3) 各接点松动或不符合要求每个扣1分 (4) 热继电器整定值错误扣2分 (5) 一次试车不成功扣5分，二次试车不成功扣10分，三次试车不成功扣15分	30		
安全文明生产	(1) 劳动保护用品穿戴整齐 (2) 电工工具佩带齐全 (3) 遵守操作规程 (4) 尊重考评员，讲文明礼貌 (5) 考试结束要清理现场	(1) 各项考试中，违反考核要求的任何一项扣2分，扣完为止 (2) 考生在不同的技能试题考试中，违反安全文明生产考核要求同一项内容的，要累计扣5分 (3) 当考评员发现考生有重大事故隐患时，要立即予以制止，并每次从考生安全文明生产总分中扣5分	10		

续表

主要内容	考核要求	评分标准	配分	扣分	得分
备注		成绩			
		考评员签字	年　月　日		

综合训练5　双重互锁能耗制动电路的安装

一、资讯

该控制设备使用的三相异步电动机，其额定功率为3kW，额定电压为380V，额定电流为6.3A，试根据该控制要求对其进行选型、安装与调试。

(1) 学会常用低压电器元件的作用。

(2) 掌握双重互锁能耗制动电路的设计方法和安装方法。

(3) 熟悉双重互锁能耗制动电路的调试方法。

二、决策

(1) 根据设计要求，正确选择电气元件型号及导线规格，并按需求填写目录清单。

(2) 设计并绘制电气接线图。

(3) 对导线进行线号标识。

(4) 根据接线图进行安装、布线。

(5) 在教师的指导下通电试车。

三、计划

训练项目设备及器材明细表见表3-9。

表3-9　训练项目设备及器材明细表

代号	名　称	型号与规格	数　量

续表

代号	名　　称	型号与规格	数　　量

四、实施

双重互锁能耗制动电路原理图如图 3-5 所示。

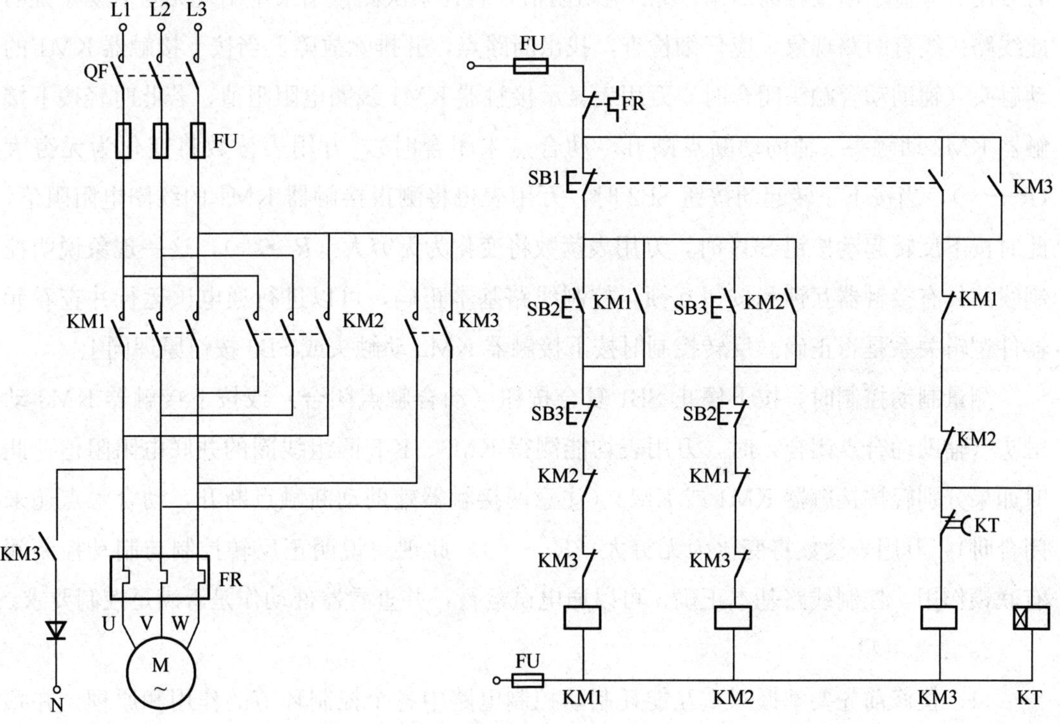

图 3-5　双重互锁能耗制动电路原理图

五、检查

1. 检查电路

（1）按照原理图、接线图逐线核查。重点检查主电路各接触器之间的关系，按钮连接线及控制电路的自锁线、互锁线有无错接、漏接、脱落、虚接等现象。

（2）检查导线与各端子的接线是否牢固。

（3）用万用表检查线路通断情况，用手操作来模拟触头分合动作，将万用表拨在 $R\times100$ 电阻挡位进行测量。

先检查主电路后检查控制电路。检查方法如下：

检查主电路：在不接负载情况下，断开电源用万用表欧姆挡分别测量开关 QF 下端子 U_{12}-V_{12}、V_{12}-W_{12}、U_{12}-W_{12} 之间的电阻，应均为断路（$R\rightarrow\infty$）。若某次测量结果为短路（$R\rightarrow0$），这说明所测两相之间的接线有短路现象，应仔细检查排除故障。这里需要注意的是接触器 KM3 有两对主触头是接在同一电源相序中的，测量时应加以区分。

检查控制电路：断开电源，用万用表欧姆挡将两表笔分别接在控制回路 L、N 两端，测量正转控制时，分别按下接触器 KM1 的动触头（辅助动合触头闭合）或按钮 SB2，此时万用表应显示出接触器 KM1 线圈电阻阻值，若在某次测量结果中出现无阻值现象说明此线路接线有断路现象，应仔细检查，找出断路点，并排除故障。当按下接触器 KM1 的动触头（辅助动合触头闭合时）万用表显示接触器 KM1 线圈电阻阻值，若此时轻按下接触器 KM2 动触头（辅助动断点断开，动合点未闭合时），万用表读数将变化为无穷大（$R\rightarrow\infty$），当按下正转起动按钮 SB2 时，万用表也将测得接触器 KM1 的线圈电阻阻值，此时按下反转起动按钮 SB3 时，万用表读数将变化为无穷大（$R\rightarrow\infty$），这一现象说明控制线路具有接触器互锁和按钮互锁，控制线路基本正确，可以进行通电试运行并查看元器件逻辑关系是否正确。反转控制时按下接触器 KM2 动触头或 SB3 按钮原理同上。

测量制动控制时，按下停止 SB1 复合按钮（动合触点闭合）或按下接触器 KM3 动触头（辅助动合点闭合）时，万用表均能测得 KM3、KT 两组线圈的并联电阻阻值，此时如果分别轻按接触器 KM1 或 KM2（注意两接触器辅助动断触点断开，动合触点还未闭合时），万用表读数将变化为无穷大（$R\rightarrow\infty$），此现象说明正反转控制与制动控制间有联锁作用，控制线路基本正确，可以通电试运行，并查看器件动作是否满足控制要求。

2. 注意事项

（1）检修前先要掌握双重互能耗制动控制电路中各个控制环节的作用和原理，并熟悉电动机的接线方法。

（2）在排除故障的过程中，故障分析、排除故障的思路和方法要正确。

（3）对用测电笔检测故障时，必须检查测电笔是否符合使用要求。

（4）不能随意更改线路和带电触摸电器元件。

（5）仪表使用要正确，以防止引出错误判断。

（6）在检修过程中严禁扩大和产生新的故障。

（7）带电检修故障时，必须有指导教师在现场监护，并要确保用电安全。

六、调试现象记录及故障排除方案

七、项目考核

配分、评分标准和安全文明生产评价单见表 3-10。

表 3-10　　配分、评分标准和安全文明生产评价单

主要内容	考核要求	评分标准	配分	扣分	得分
元件检查与安装	（1）按图纸的要求，正确利用工具和仪表，熟练地安装电气元件 （2）元件在配电盘上布置要合理，安装要正确紧固 （3）按钮盒不固定在配电盘上	（1）电动机质量检查每漏一处扣 2 分 （2）电器元件错检或漏检每处扣 3 分 （3）元件布置不整齐、不匀称、不合理，每只扣 5 分 （4）元件安装不牢固，安装元件时漏装螺钉，每只扣 1 分 （5）损坏元件每只扣 10 分	20		

续表

主要内容	考核要求	评分标准	配分	扣分	得分
布线	（1）布线要求横平竖直，接线要求紧固美观 （2）电源和电动机配线、按钮接线要接到端子排上，要注明引出端子标号 （3）导线不能乱线敷设	（1）电动机运行正常，但未按原理图接线，扣 3 分 （2）布线不横平竖直，主电路、控制电路每根扣 5 分 （3）接点松动，接头铜过长，反圈，压绝缘层，标记线号不清楚，有遗漏或误标，每处扣 5 分 （4）损伤导线绝缘或线芯，每根扣 2 分 （5）漏接接地线扣 3 分 （6）导线乱线敷设扣 10 分	40		
通电试验	在保证人身和设备安全的前提下，通电试验一次成功	（1）不会使用仪表及测量方法不正确，每个仪表扣 5 分 （2）主电路、控制电路熔体配错每个扣 5 分 （3）各接点松动或不符合要求每个扣 1 分 （4）热继电器整定值错误扣 2 分 （5）一次试车不成功扣 5 分，二次试车不成功扣 10 分，三次试车不成功扣 15 分	30		
安全文明生产	（1）劳动保护用品穿戴整齐 （2）电工工具佩带齐全 （3）遵守操作规程 （4）尊重考评员，讲文明礼貌 （5）考试结束要清理现场	（1）各项考试中，违反考核要求的任何一项扣 2 分，扣完为止 （2）考生在不同的技能试题考试中，违反安全文明生产考核要求同一项内容的，要累计扣 5 分 （3）当考评员发现考生有重大事故隐患时，要立即予以制止，并每次从考生安全文明生产总分中扣 5 分	10		
备注		成绩			
		考评员签字	年　月　日		

综合训练6 带能耗制动的Y-△降压起动电路的安装

一、资讯

该控制设备使用的三相异步电动机，其额定功率为5.5kW，额定电压为380V，额定电流为11.5A，试根据该控制要求对其进行选型、安装与调试。

(1) 学会常用低压电器元件的作用。

(2) 掌握带能耗制动的Y-△降压起动电路的设计方法和安装方法。

(3) 熟悉带能耗制动的Y-△降压起动电路的调试方法。

二、决策

(1) 根据设计要求，正确选择电气元件型号及导线规格，并按需求填写目录清单。

(2) 设计并绘制电气接线图。

(3) 对导线进行线号标识。

(4) 根据接线图进行安装、布线。

(5) 在教师的指导下通电试车。

三、计划

训练项目设备及器材明细表见表3-11。

表3-11　　训练项目设备及器材明细表

代号	名　称	型号与规格	数　量

续表

代号	名　称	型号与规格	数　量

四、实施

带能耗制动的Y-△降压起动电路原理图如图3-6所示。

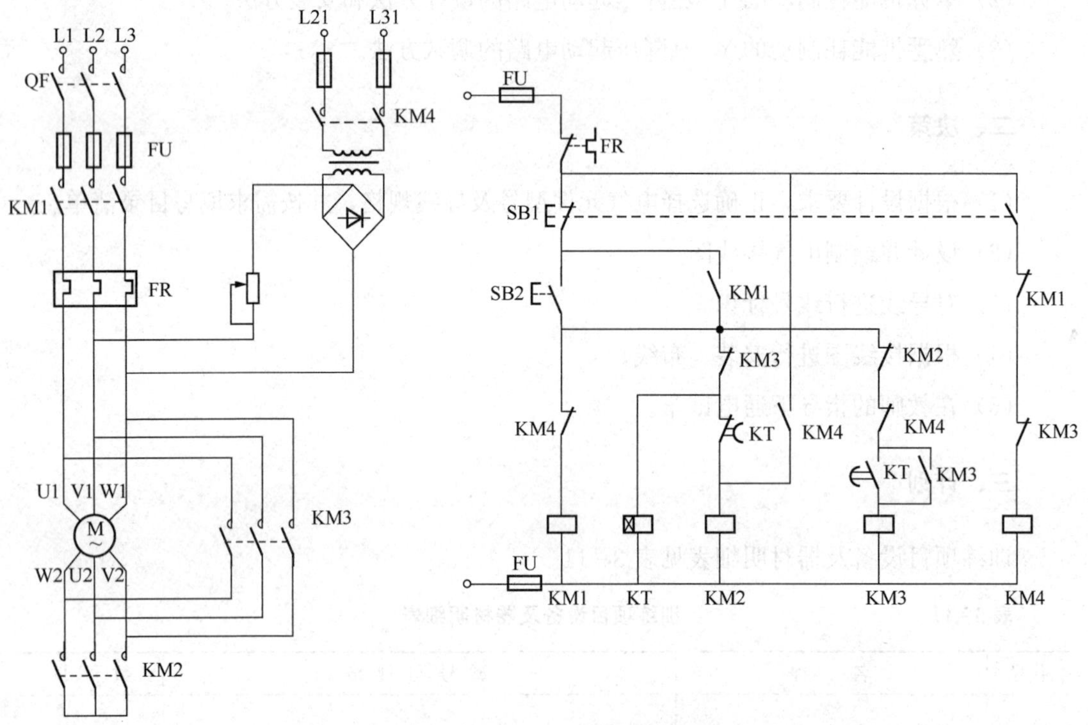

图3-6　带能耗制动的Y-△降压起动电路原理图

五、检查

本电路与基本训练项目中Y-△降压起动控制线路的检测方法相似，测量时可参照训练项目7的检测方法，不同之处增加了制动控制环节。

下面介绍制动电路检测方法：当按下SB1复合按钮时动合点闭合，万用表将测得接触器KM4线圈的电阻阻值，如果此时轻按接触器KM1或KM3的动触头（辅助动断点断开、动合点未闭合时），万用表读数将变化为无穷大（$R\to\infty$），当按下接触器KM4动触头动合点闭合时，万用表将测得接触器 KM2、KT 两组线圈的并联电阻阻值，这一现象说明制动控制线路基本正确，可以通电试运行并查看元器件动作过程是否正确。

六、调试现象记录及故障排除方案

七、项目考核

配分、评分标准和安全文明生产评价单见表 3 - 12。

表 3 - 12　配分、评分标准和安全文明生产评价单

主要内容	考核要求	评分标准	配分	扣分	得分
元件检查与安装	（1）按图纸的要求，正确利用工具和仪表，熟练地安装电气元件 （2）元件在配电盘上布置要合理，安装要正确紧固 （3）按钮盒不固定在配电盘上	（1）电动机质量检查每漏一处扣 2 分 （2）电器元件错检或漏检每处扣 3 分 （3）元件布置不整齐、不匀称、不合理，每只扣 5 分 （4）元件安装不牢固，安装元件时漏装螺钉，每只扣 1 分 （5）损坏元件每只扣 10 分	20		
布线	（1）布线要求横平竖直，接线要求紧固美观 （2）电源和电动机配线、按钮接线要接到端子排上，要注明引出端子标号 （3）导线不能乱线敷设	（1）电动机运行正常，但未按原理图接线，扣 3 分 （2）布线不横平竖直，主电路、控制电路每根扣 5 分 （3）接点松动，接头铜过长，反圈，压绝缘层，标记线号不清楚，有遗漏或误标，每处扣 5 分 （4）损伤导线绝缘或线芯，每根扣 2 分 （5）漏接接地线扣 3 分 （6）导线乱线敷设扣 10 分	40		

续表

主要内容	考核要求	评分标准	配分	扣分	得分
通电试验	在保证人身和设备安全的前提下，通电试验一次成功	（1）不会使用仪表及测量方法不正确，每个仪表扣5分 （2）主电路、控制电路熔体配错，每个扣5分 （3）各接点松动或不符合要求，每个扣1分 （4）热继电器整定值错误扣2分 （5）一次试车不成功扣5分，二次试车不成功扣10分，三次试车不成功扣15分	30		
安全文明生产	（1）劳动保护用品穿戴整齐 （2）电工工具佩带齐全 （3）遵守操作规程 （4）尊重考评员，讲文明礼貌 （5）考试结束要清理现场	（1）各项考试中，违反考核要求的任何一项扣2分，扣完为止 （2）考生在不同的技能试题考试中，违反安全文明生产考核要求同一项内容的，要累计扣5分 （3）当考评员发现考生有重大事故隐患时，要立即予以制止，并每次从考生安全文明生产总分中扣5分	10		
备注		成绩			
		考评员签字	年　月　日		

电路设计与思考问答

（1）完成三相异步电机两地控制电路设计，要求每一个控制点必须有一个起动按钮和停止按钮。设计内容包括主、控线路设计和电动机及电气线路，需要具有必要保护措施。请画出电气控制原理图。

（2）某管道通风设备，需要电动机能够按设定的时间运转和间隔时间停止周而复始地运转，来省去操作人员。请完成三相异步电动机定时运转自动循环控制线路。设计内容包括主、控线路设计和电动机及电气线路，需要具有必要保护措施。请画出电气控制原理图。

（3）某设备有三台电动机，设备在运行中要求能够实现顺序起动、逆序停止（起动时三台电动机工作为 1、2、3 顺序起动，停止时三台电动机 3、2、1 依次停止运行）。设计内容包括主、控线路设计和电动机及电气线路，需要具有必要保护措。请画出电气控制原理图。

（4）某单位会议室要安装 4000W 制冷空调，由于功率较大，从安全角度考虑需要单独安装电源控制开关，请依据空调功率选择断路器型号及规格。

（5）某机床电气控制柜对三台电动机依次进行直接起动控制，它们的额定工作电流分别为 11A、6A、3A，要求实现总电流短路保护，请为其选择合适的熔断器。

(6) 某型号三相异步电动机额定功率5.5kW、电流11.5A，实现不频繁地直接起动，请为其选择合适的交流接触器。

(7) 某型号三相异步电动机额定功率5.5kW，不做频繁起动，请为其选择合适的热继电器，并说明使用时注意事项。

（8）如果电流表量程过大，而被测电流较小时，电流互感器应如何处理。

（9）三相异步电动机从切断电源到完全停止旋转的过程中，由于惯性的作用，仍然继续转动，这样不能满足某些生产机械的工艺要求。为了使电动机迅速停车所采用的措施，称为电动机的制动。简述三相异步电动机制动分为哪两类？常用电气制动方法有几种？能耗制动具有什么特点？分析其工作原理并绘制电气接线图。

（10）电动机投入运行以后，有时为适应工作要求，需要改变电动机转速，实现电动机转速变化的过程称为电动机的调速。简述三相异步电动机有哪些调速方法？本控制电路属于哪种调速方法？分析其工作原理并绘制电气接线图。

（11）双重互锁能耗制动电路是否适用于起重设备的控制？试分析其工作原理及原因，并绘制电气接线图。

(12) 在中小型机械设备中常采用定子串电阻减压起动，简述本电路有何优点及缺点。

(13) 简述三相笼型异步电动机Y-△降压起动控制线路的优点，它是否适合于重载起动的场合，分析其工作原理并绘制电气接线图。

电工常用仪表的使用及维护

5.1　万　用　表

万用表是一种多用途和多量限的电气测量仪表。万用表分指针式和数字式两种，如图 5-1 所示。一般万用表可测量交流电压和电流、直流电压和电流电阻等。数字式万用表除了可测试上述参数以外，有的还可以测量电容、电感等。下面主要介绍指针式万用表。

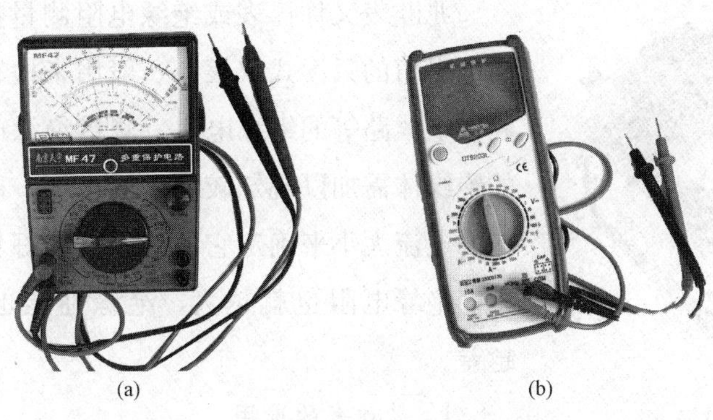

(a)　(b)

图 5-1　万用表
(a) 指针式；(b) 数字式

在使用指针式万用表前，首先要检查仪表指针是否停在标尺的零位上，如果不在零位，可旋转表盘上的调零旋钮，将指针调到零位。

测量电阻之前，应根据被测电阻选择相应的量程。使用万用表电阻挡要消耗表内电池电量，所以使用一段时间后电池电压就会降低。为了消除电池电压降低的影响，在测量电阻之前要将两表笔短接一下，并调节表头上的零位。在实际测量电阻时每换一挡量程都需要调零。如经调零电位器调零后指针仍不能指到零位，说明表内电池电压已下降到一定值，应更换新电池。如果在更换完新电池后，仍不能将其调至零位，有可能调零器有故障或表内有故障，需要做进一步检查修理。在使用中读阻值时，其阻值等于读数乘以该量程的倍数（如：转换开关拨至×10 的位置上，则读数乘以 10 才等于被测电阻的数值，以此类推）。要得到准确被测值，万用表量程要与被测电阻值接近，才能使被测值准确。

测量电路上的某一电阻值时，必须断开被测电路的电源，同时应断开被测电阻的一端让其悬空，从而避免其他并联电路影响测量结果。另外，也不能在测量时用手捏住电阻的两端，因为这样相当于将人体电阻与被测电阻并联，影响测量结果的准确性。

测量直流电压、直流电流时，要注意要选对测量种类和量程，不能错用电阻挡测量电压和电流，以免烧坏表头。在不清楚被测电压或电流的数量级别时，可以先选择最大的量程，然后逐步减小量程，测量直流电压和电流时，应该注意极性，如反接表针反摆，极易损坏表针。如何正确连接（表示被测电路）是所需多注意的。

5.2 兆　欧　表

兆欧表是用来测量电气设备绝缘电阻的仪表，如图 5-2 所示。

图 5-2　兆欧表

兆欧表又称摇表或绝缘电阻测量仪等。常用来测量高电阻值的只读式仪表，一般用来检查和测量电气设备和供电线路等的绝缘电阻。测量绝缘电阻时，对被测试的绝缘体需加以规定较高试验电压，以计量渗漏过绝缘体的电流大小来确定它的绝缘性能好坏。渗漏的电流越小，绝缘电阻也就越大，绝缘性能也就越好；反之就越差。

1. 兆欧表的选用

在实际应用中，需根据被测对象选用不同电压和电阻测量范围的兆欧表。兆欧表的选用主要考虑电压等级、测量范围两个方面。一般 500V 以下的设备选用 250V 或 500V 的兆欧表；500～1000V 的设备，选用 1000V 兆欧表；1000V 以上设备选用 2500V 兆欧表。

兆欧表测量范围的选择主要考虑两点：一方面，测量低压电气设备的绝缘电阻时可选用 0～200MΩ 的兆欧表，测量高压电气设备或电缆时可选用 0～2000MΩ 兆欧表；另一方面，因为有些兆欧表的起始刻度不是零，而是 1MΩ 或 2MΩ，这种仪表不宜用来测量处于潮湿环境中的低压电气设备的绝缘电阻，因其绝缘电阻可能小于 1MΩ，造成仪表上无法读数或读数不准确。

兆欧表上有 3 个接线端子：L 端子接被测物体，E 端子接地，G 端子为保护环。

测量电机、电器或线路对地绝缘电阻时，其导电部分与 L 端子相连接，接地线或设备的外壳、基座等与 E 端子相接。测量电缆的线芯对其外壳的绝缘电阻时，线芯接 L 端子，电缆外壳接 E 端子。为了消除表面遗漏电流对测量结果的影响，要将电缆的绝缘层与 G 端子相连。

为了安全起见，测量时两手不能同时接触兆欧表的两根接线柱或是测量导线的金属部分。

测量中如指针已经指零，则立即停止摇动手柄以免烧坏表头。

兆欧表上有三个接线柱，两个较大的接线柱上分别标有E（接地）、L（线路），另一个较小的接线柱上标有G（屏蔽）。其中，L接被测设备或线路的导体部分，E接被测设备或线路的外壳或大地，G接被测对象的屏蔽环（如电缆壳芯之间的绝缘层上）或不需测量的部分。兆欧表的常见接线方法如图5-3所示。

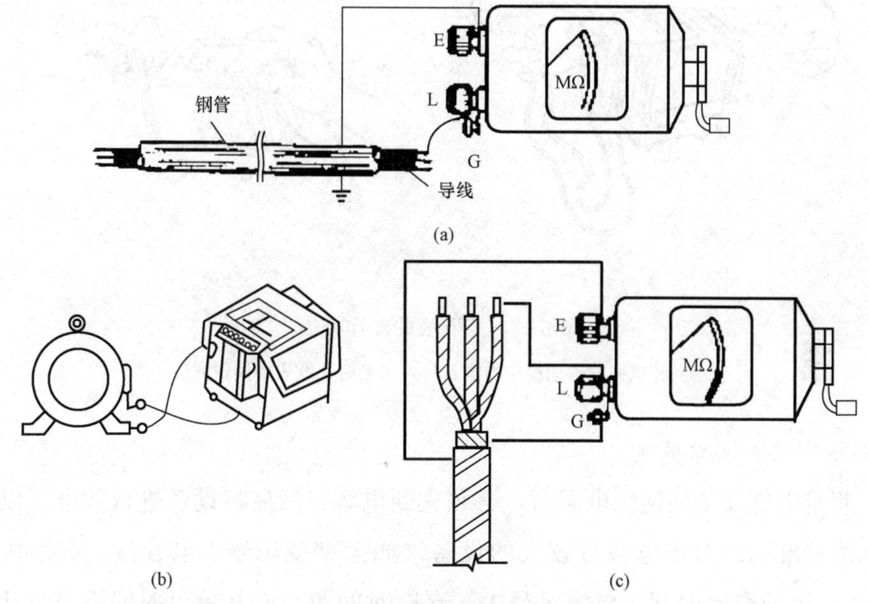

图5-3 兆欧表的接线方法

一些低电压的电力设备，其内部绝缘所承受的电压不高，为了设备的安全，测量时不能用电压太高的兆欧表，以免损坏设备的绝缘。此外，还应注意兆欧表的测量范围与被测电阻数值相适应，以减少误差。如测低压设备的绝缘电阻时，可选用0～200MΩ量程表。

2. 绝缘电阻的一般要求

按电气安全操作规程，低压线路中每伏工作电压不低于1kΩ，例如，380V的供电线路，其绝缘电阻不低于380kΩ；对于电动机要求每千伏工作电压定子绕组的绝缘电阻不低于1MΩ，转子绕组绝缘电阻不低于0.5MΩ。

3. 使用前的校验

兆欧表每次使用前（未接线情况下）都要进行校验，判断其好坏。兆欧表一般有三个接线柱，分别是“L”（线路）、“E”（接地）和“G”（屏蔽）。校验时，首先将兆欧表平放，使L、E两个端钮开路，转动手摇发电机手柄，使其达到额定转速，兆欧表的指针应指在“∞”处；停止转动后，用导线将L和E接线柱短接，慢慢地转动兆欧表手柄（转动必须缓慢，以免电流过大而烧坏绕组），若指针能迅速回零，指在“0”处，说明兆欧表是好的，可以测量，否则不能使用。

注意：半导体型兆欧表不宜用短路法进行校核，应参照说明书进行校核。

兆欧表的操作方法如图 5-4 所示。

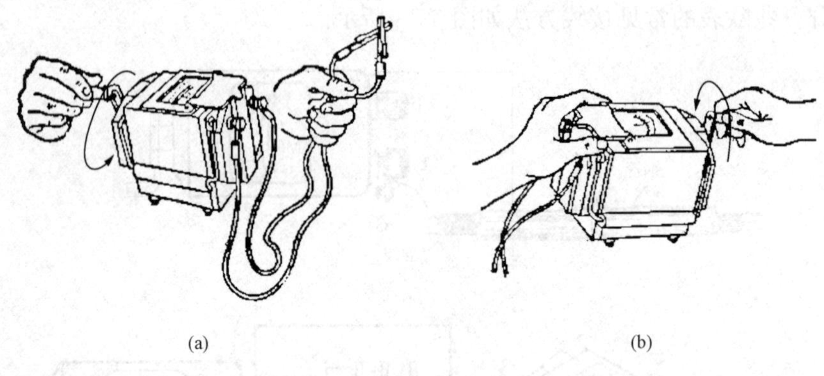

(a) (b)

图 5-4 兆欧表的操作方法

(a) 校试兆欧表的操作方法；(b) 测量时兆欧表的操作方法

4. 接线方法和注意事项

(1) 测量电气设备的绝缘电阻时，必须先断电源，然后将设备进行放电，以保证人身安全和测量准确。对于电容量较大的设备（如大型变压器、电容器、电动机、电缆等），应有一定的充电时间。电容量越大，充电时间越长，其放电时间不应低于 3min，以消除设备残存电荷。放电方法是将测量时使用的地线，由兆欧表上取下，在被测物上短接一下即可。同时注意将被测试点擦拭干净。

(2) 测量前，应了解周围环境的温度和湿度。当温度过高时，应考虑接用屏蔽线；测量时应记录温度，以便对测得的绝缘电阻进行分析换算。

(3) 兆欧表应放在平整而无摇晃或震动的地方，以便表身置于平稳状态，以免在摇动时因抖动和倾斜产生测量误差。

(4) 接线柱与被测物体的连接导线不能用双股绝缘线或绞线，必须用单根线连接，连接表面不得与被测物接触，避免因绞线绝缘不良而引起误差。

(5) 被测电气设备表面应保护清洁、干燥、无污物，以免漏电影响测量的准确性。

(6) 同杆架设的双回路架空线和双母线，当一路带电时，不得测试另一路的绝缘电阻，以防止感应高电压，危害人身安全和损坏仪表；对平行线路也要注意感应高电压，若必须在这种状态下测试时，应采取必要的安全措施。

(7) 兆欧表有 E（接地）、L（线路）和 G（保护环或屏蔽端子）三个接线柱。保护环的作用是消除表壳表面 L 与 E 接线柱间的漏电和被测绝缘物表面漏电的影响。在测量电气设备对地的绝缘电阻时，L 用单根导线接设备的待测部位，E 用单根导线接设备外壳，测电气设备内两绕组的绝缘电阻时，将 L 和 E 分别接两绕组接线端。当测量电缆的绝缘电阻时，为消除因表面漏电产生的误差，L 接线芯，E 接外壳，G 接线芯与外壳之间的绝缘层。

（8）线路接好后，按顺时针转动兆欧表发电机手柄，使发电机发出的电压供测量使用。手柄的转速由慢而快，逐渐稳定到其额定转速（一般为 120r/min）允许 20%的变化，通常要摇动 1min 后，待指针稳定下来再读数。如被测电路中有电容时，先持续摇动一段时间，让兆欧表对电容充电，指针稳定后再读数。测完后先拆去接线，再停止摇动。若测量中发现被测设备短路，指针指向“0”，应立即停止摇动手柄，以免电流过大而损坏仪表。

（9）测量工作一般由两人来完成。兆欧表未停止摇动以前，切勿用手去触及设备的测量部分或兆欧表接线柱。测量完毕，应对设备充分放电，否则容易引起触电事故。禁止在雷电时或附近有高压导体的设备上测量绝缘。

注意事项：

（1）仪表与被测物间的连接导线应采用绝缘良好的多股铜芯软线，而不能用双股绝缘线或绞线，且连接线间不得绞在一起，以免造成测量数据不准。

（2）手摇发电机要保持匀速，不可忽快忽慢地使指针不停地摆动。

（3）测量过程中，若发现指针为零，说明被测物的绝缘层可能击穿短路，此时应停止继续摇动手柄。

（4）测量具有大电容的设备时，读数后不得立即停止摇动手柄，否则已充电的电容将对兆欧表放电，有可能烧坏仪表。

（5）温度、湿度、被测物的有关状况等对绝缘电阻的影响较大，为便于分析比较，记录数据时应反映上述情况。

5.3　钳型电流表

钳形表是一种可在不断开电路的情况下，实现电路电流、电压、功率等参数测试的一种仪表，如图 5-5 所示。新型号的钳形表体积小、重量轻、又有与普通万用表相似的用途，所以在电工技术中应用广泛。

钳形表按其测量的参数不同可分为钳形电流表和钳形功率表等。钳形电流表又可分为交流钳形表和直流钳形表。

1. 钳形表的工作原理

专用于测量交流的钳形表实质上是一个电流互感器的变形。位于铁心中央的被测导

图 5-5　钳形电流表

线相当于电流互感器的一次绕组，绕在铁心上的绕圈相当于电流互感器的二次绕组，通过磁感应使仪表指示出被测电流的数值。现在大多数钳形表还附有测量电压及电阻的端钮。在端钮上接上导线即可测量电压和电阻。

测量交直流的钳形表实质上是一个电磁式仪表，放在钳口中的通电导线作为仪表的固定励磁线圈，在铁心中产生磁通，并使位于铁心缺口中的电磁式测量机构发生偏转，从而使仪表指示出被测电流的数值。由于指针的偏转与电流的种类无关，所以此种仪表可测交直流电流。

2. 钳形电流表的使用方法

（1）由于新型钳形表其测量结果都是用整流式指针仪表显示的，所以电流波形及整流二极管的温度特性对测量值都有影响，在非正弦波或高温场所使用时必须加以注意。

（2）根据被测对象，正确选用不同类型的钳形表。如测量交流电流时，可选用交流钳形电流表（如 F301 型）；测量交直流时，可选用交直流两用钳形电流表（如 MG20 型等）。

（3）测量时，应使被测导线置于钳口中央，以免产生误差。

（4）为使读数准确，钳口的两个面应保证良好接合。如有振动或噪声，应将仪表手柄转动几下，或重新开合一次。如果声音仍然存在，可检查在接合面上是否有污垢存在，如有污垢，可用汽油擦干净。

（5）测量大电流后，如果立即测量小电流，应开、合铁心数次，以消除铁心中的剩磁。

（6）测量前，要注意电流表的电压等级，不得用低压表测量高压电路的电流，否则会有触电的危险，甚至会引起线路短路。

（7）电流表量程要适宜，应由最高挡逐级下调切换至指针在刻度的中间段为止。量程切换不得在测量过程中进行，以免切换时造成二次瞬间开路，感应出高电压而击穿绝缘。必须切换量程时，应先将钳口打开。

（8）测量母线时，最好在相间处用绝缘隔板隔开以免钳口张开时引起相间短路。

（9）有电压测量挡的钳形表，电流和电压要分开进行测量，不得同时测量。

（10）测量时应戴绝缘手套，站在绝缘垫上；不宜测量裸导线；读数时要注意安全，切勿触及其他带电部分，以免触电或引起短路。

（11）测量小于 5A 以下电流时，为了得到较准确的读数，在条件许可时，可把导线多绕几圈放在钳口进行测量，但实际电流数值应为读数除以放进钳口内的导线根数。

（12）从一个接线板引出的许多根导线，而CT部分又不能一次钳进所有这些导线时，可以分别测量每根导线的电流，取这些读数的代数和即可。

（13）测量受外部磁场影响很大时，如在汇流排或大容量电动机等大电流负荷附近的测量，要另选测量地点。

（14）重复点动运转的负载，测量时CT部分稍张开些就不会因过偏而损坏仪表指针。

（15）读取电流读数困难的场所，测量时可利用制动器锁住指针，然后到读取方便处读出指示值。

（16）每次测量后，应把调节电流量程的切换开关置于最高挡位，以免下次使用时因未选择量程而造成仪表损坏。

（17）钳形电流表应保存在干燥的室内；钳口相接处应保持清洁，使用前应擦拭干净，使之平整、接触紧密，并将表头指针调在“零位”；携带使用时，仪表不得受到震动。

5.4　螺　钉　旋　具

螺钉旋具（螺丝刀）主要有一字螺钉旋具和十字螺钉旋具两种，如图5-6所示。

（1）使用方法。使用时，一只手握住螺钉旋具，手心抵住柄端，使螺钉旋具与螺钉同轴，压紧后用手腕扭转，松动后用手心轻压螺钉旋具，用拇指、中指、食指快速扭转。使用长杆螺钉旋具，可用另一只手协助压紧和拧动手柄。

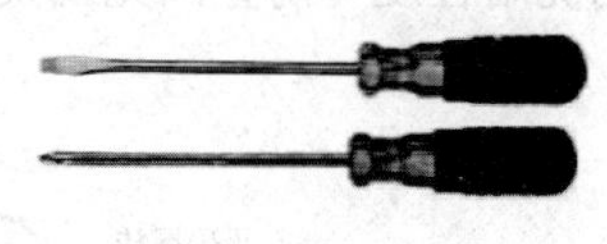

图5-6　螺丝刀

（2）使用注意事项。螺钉旋具端口应与螺钉槽口大小、宽窄、长短相适应，端口不得残缺，以免损坏槽口和刀口。不准将旋具当錾子使用。不准将螺钉旋具当撬杠使用。不可在螺钉旋具口端用扳手或钳子增加扭力，以免损坏螺钉旋具杆。

使用螺丝刀时，注意以下几方面：

1）螺丝刀较大时，除大拇指、食指和中指要夹住握柄外，手掌还要顶住柄的末端以防旋转时滑脱。

2）螺丝刀较小时，用大拇指和中指夹着握柄，同时用食指顶住柄的末端用力旋动。

3）螺丝刀较长时，用右手压紧手柄并转动，同时左手握住起子的中间部分（不可放在螺钉周围，以免将手划伤），以防止起子滑脱。

注意事项：

（1）带电作业时，手不可触及螺丝刀的金属杆，以免发生触电事故。

（2）作为电工，不应使用金属杆直通握柄顶部的螺丝刀。

（3）为防止金属杆触到人体或邻近带电体，金属杆应套上绝缘管。

5.5 试 电 笔

试电笔又称验电笔、低压验电器，由氖管、电阻、弹簧、笔身和笔尖等组成，如图 5-7 所示。

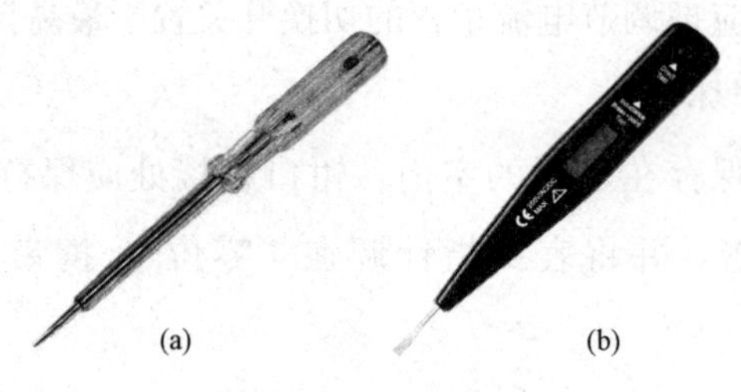

图 5-7 试电笔

(a) 普通试电笔；(b) 数显试电笔

使用时，必须手指触及笔尾的金属部分，并使氖管小窗背光且朝自己，以便观测氖管的亮暗程度，防止因光线太强造成误判断，其使用方法如图 5-8 所示。

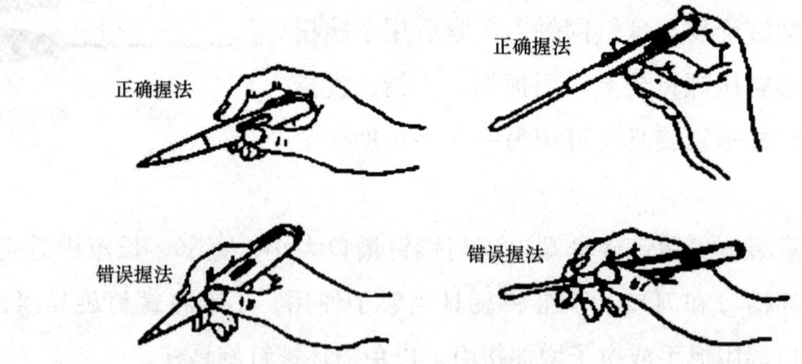

图 5-8 试电笔的握法

当用电笔测试带电体时，电流经带电体、电笔、人体及大地形成通电回路，只要带电体与大地之间的电位差超过 60V 时，电笔中的氖管就会发光。低压验电器检测的电压范围为 60～500V。

在使用试电笔时应注意：

（1）使用前，必须在有电源处对验电器进行测试，以证明该验电器确实良好，方可使用。

（2）验电时，应使验电器逐渐靠近被测物体，直至氖管发亮，不可直接接触被测体。

（3）验电时，手指必须触及笔尾的金属体，否则带电体也会误判为非带电体。

（4）验电时，要防止手指触及笔尖的金属部分，以免造成触电事故。

试电笔的作用：

（1）区别电压高低。测试时可根据氖管的发光强弱来估计电压的高低。

（2）区别相线及零线。在交流电路中，当验电器触及导线时，氖管发光的即为相线，正常情况下，触及零线是不会发光的。

（3）区别直流电与交流电。交流电通过验电器时，氖管里的两个极同时发光；直流电通过验电器时，氖管里的两个极只有一个极发光。

（4）区别直流电的正负极。把验电器连接在直流电的正、负极之间，氖管中发光的一极即为直流电的负极。

（5）识别相线碰壳。用验电器触及电动机、变压器等电气设备外壳，氖管发光，则说明该设备相线有碰壳现象。如果壳体上有良好的接地装置，氖管是不会发光的。

（6）识别相线接地。用验电器触及正常供电的星形接法三相三线制交流电时，有两根比较亮，而另一根的亮度较暗，则说明亮度较暗的相线与地有短路现象，但不太严重。如果两根相线很亮，而另一根不亮，则说明这一根与地肯定短路。

5.6 电　工　刀

电工刀是用来剥削电线线头、切割木台缺口、削制木榫的专用工具，如图 5-9 所示。

在使用电工刀时，应注意：

（1）不得用于带电作业，以免触电。

（2）应将刀口朝外剖削，并注意避免伤及手指。

（3）剖削导线绝缘层时，应使刀面与导线成较小的锐角，以免割伤导线。

（4）使用完毕，随即将刀身折进刀柄。

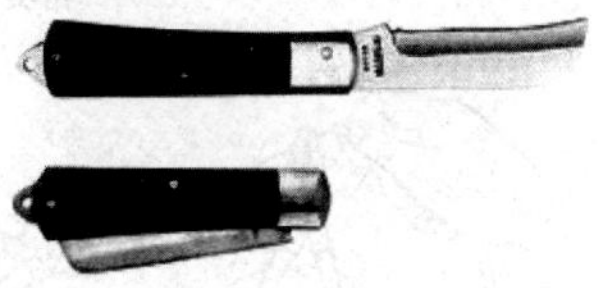

图 5-9　电工刀

5.7 剥　线　钳

剥线钳是专用于剥削较细小导线绝缘层的工具，其外形如图 5-10 所示。

使用剥线钳剥削导线绝缘层时，先将要剥削的绝缘长度用标尺定好，然后将导线放入相应的刃口中（比导线直径稍大），再用手将钳柄一握，导线的绝缘层即被剥离。

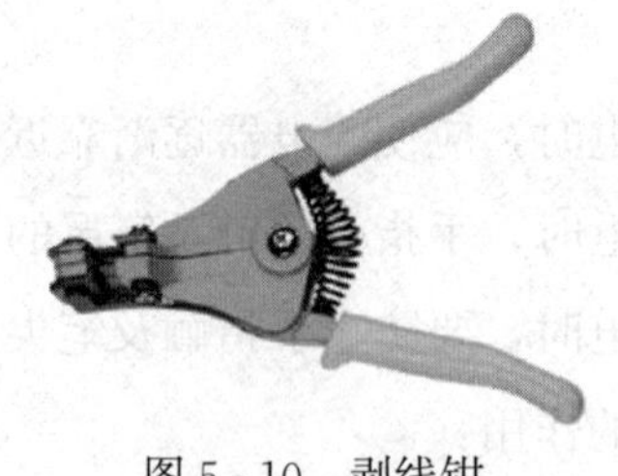

图 5-10 剥线钳

5.8 钢 丝 钳

钢丝钳有铁柄和绝缘两种。绝缘柄为电工用钢丝钳，常用的规格有 150、175、200mm 三种，如图 5-11 所示。

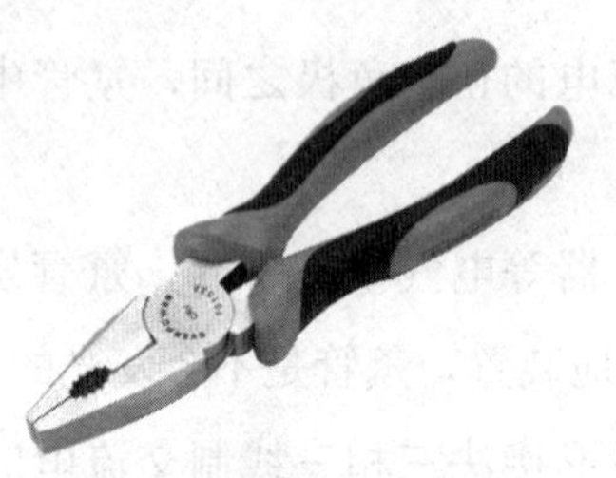

图 5-11 钢丝钳

钢丝钳在电工作业时，用途广泛。

钳口可用来弯绞或钳夹导线线头，齿口可用来紧固或起松螺母，刀口可用来剪切导线或钳削导线绝缘层，侧口可用来铡切导线线芯、钢丝等较硬线材。钢丝钳各用途的使用方法如图 5-12 所示。

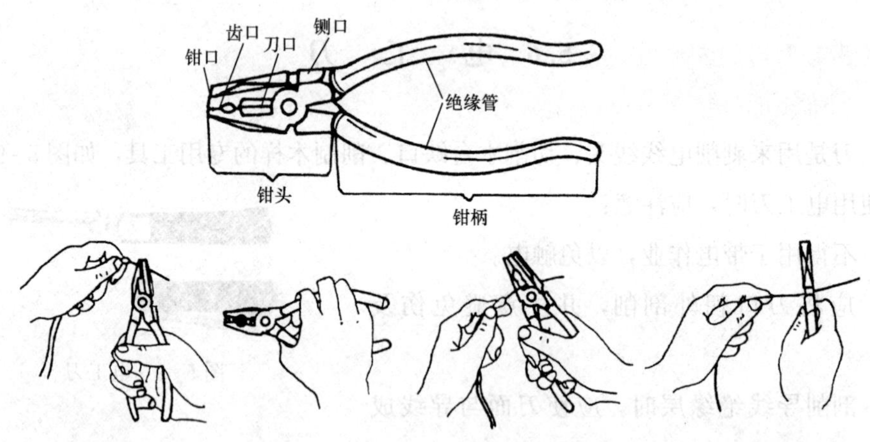

图 5-12 钢丝钳各用途的使用方法

(1) 电工钢丝钳的构造和用途。电工钢丝钳由钳头和钳柄两部分组成。钳头由钳口、齿口、刀口和铡口四部分组成。钢丝钳用途很多，钳口用来弯绞和钳夹导线线头，齿口用来紧固或起松螺母，刀口用来剪切或剖削软导线绝缘层，铡口用来铡切电线线芯、钢丝或铅丝等较硬金属丝。

（2）使用电工钢丝钳的安全知识：

1）使用前必须检查绝缘柄的绝缘是否良好。绝缘如果损坏，进行带电作业时会发生触电事故。

2）剪切带电导线时不得用刀口同时剪切相线和零线，或同时剪切两根相线，以免发生短路事故。其注意事项如下：

a）使用前，使检查钢丝钳绝缘是否良好，以免带电作业时造成触电事故。

b）在带电剪切导线时，不得用刀口同时剪切不同电位的两根线（如相线与零线、相线与相线等），以免发生短路事故。

5.9 尖 嘴 钳

尖嘴钳因其头部尖细，如图 5-13 所示，适用于在狭小的工作空间操作。

尖嘴钳可用来剪断较细小的导线，可用来夹持较小的螺钉、螺帽、垫圈、导线等，也可用来对单股导线整形（如平直、弯曲等）。若使用尖嘴钳带电作业，应检查其绝缘是否良好，并在作业时金属部分不要触及人体或邻近的带电体。

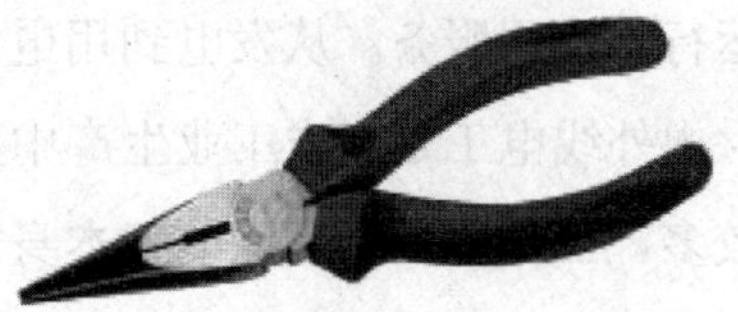

图 5-13 尖嘴钳

尖嘴钳也有铁柄和绝缘柄两种，绝缘柄的耐压为 500V。尖嘴钳的用途如下：

（1）带有刀口的尖嘴钳能剪断细小金属丝。

（2）尖嘴钳能夹持小螺钉、垫圈、导线等元件。

（3）在装接控制线路时，尖嘴钳能将单股导线弯成所需的各种形状。

5.10 斜 口 钳

斜口钳专用于剪断各种电线电缆，如图 5-14 所示。

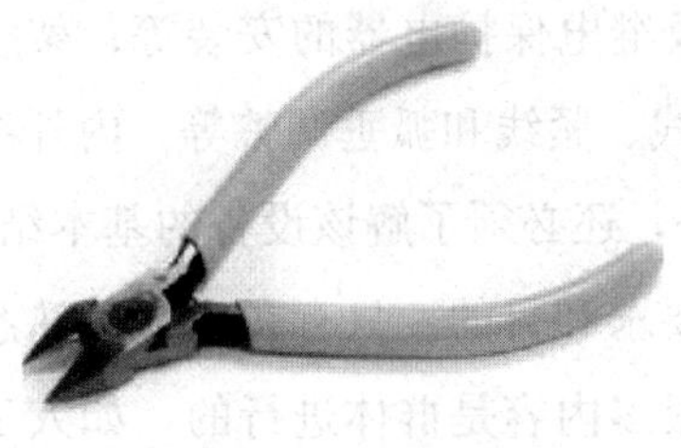

图 5-14 斜口钳

对粗细不同、硬度不同的材料，应选用大小合适的斜口钳。

斜口钳又称断线钳，钳柄有铁柄、管柄和绝缘柄三种。其中电工用的绝缘柄断线钳的耐压为 500V，是专供剪断较粗的金属丝、线材及导线电缆时用的。

附　录

附录A　内外线电工上岗必备知识

一、内外线电工的工作内容和在工业生产中的地位

电能在生产、输送、分配、使用及控制方面，都较其他形式的能量优越。因而，电能在工农业生产、科学实验及人民生活等各个领域都得到了广泛应用。

由包括各种电压等级的电力线路将一些发电厂、升降压变电所和电力用户联系起来的升压、输电、降压、配电和用电的整体，称为电力系统。内外线电工要为电力系统投入运行和应用服务。从发电到用电的许多环节中，都包含了内外线电工的辛勤劳动。因此，内外线电工是工农工业生产中必不可少的技能人员，一个电工需要掌握的操作技能比较多，工作范围广，除电工本身的操作技能外，还需要掌握一些如钳工、建筑工、起重工和电器维修工等关联工种的基本知识和必需的操作技能。

内外线工程包括内线工程和外线工程两大部分。内线工程包括室内照明线路配线，灯具、开关、插座的安装与修理，高低压变配电设备的安装、修理、调试，生产设备的电气安装、配线、调试、变配电所的停送电操作、重合闸操作、停电事故的判断和处理，以及对由半导体器件组成的装置进行安装调试和维修等。外线工程，包括架空线路的架设，电力电缆的敷设、修理，电站、变配电所设备的安装等。

各个工种有其本身的工作内容和工艺过程。如室内暗线敷设及照明线路的安装，包括按图样要求进行预埋穿线管、开关、插座盒和接线盒等工作，这些工作必须配合土建工程的进度进行，也就是说电气安装工作必须与土建工作紧密配合；如生产设备的电气安装，则含有电机、控制电器和供电线路的安装，并配合机械试车时的电气调试等；变配电工程的安装，含有变压器、配电柜、开关、仪表及继电保护电器的安装等；架空线路工程则含有线路勘察、定位、挖坑、立杆（塔）、架线、紧线和弧垂调整等。内外线电工要安装调试好某台设备，除了要掌握安装操作技能外，还必须了解该设备的基本结构、性能和基本的工作原理，以便进一步理解安装的技术要求和目的。只有在理解和熟悉的基础上才能圆满完成该项工作。内外线电工的工作，很多内容是群体进行的，如人工立杆、架设线路等。电气安装工程的特点是：工作范围广，工作场面大，工程周期长。这就要求每个内外线电工要有集体主义观点，同心协力、通力合作来完成某一工作项目。

近年来，由于科学技术的不断发展，新电气产品、新材料以及新技术的不断出现，特别是电子技术的迅速发展，设备微型化即大规模集成电路的广泛应用等，给每个电工提出了更高的要求。因此，内外线电工一定要学习电子技术，以便在现代化设备的安装、调试中能发挥更大的作用。

内外线电工承担着供电线路、电力设备、生产设备的电气安装和维修以及变配电系统的值班工作等。也就是说，只要有电的地方，就少不了内外线电工。

二、内外线电工的岗位责任制及操作规程

1. 外线安装电工操作规程

(1) 工作前应先检查防护用品、工具、仪器是否完好。

(2) 在六级以上大风、大雨及雷电等情况下，严禁登杆作业及倒闭操作。

(3) 登杆工作前必须检查杆的根部是否牢固。新立杆在杆基未完全牢固以前严禁攀登。

(4) 在杆上作业时，地面应有人监护，材料、工具要用吊绳传递，杆下 2m 以内不准站人，现场工作人员应佩戴安全帽。

(5) 杆上作业必须使用安全带。安全带应系在电杆及牢固构件上，不得挂在横担上，应防止安全带从杆顶脱出。

(6) 使用梯子时要有人扶持或有防滑措施。

(7) 登杆进行带闸操作时必须有两人共同进行，一人操作，一人监护；操作机械传动的油断路器或隔离开关等，应戴绝缘手套。

(8) 在停电线路上开始工作前，必须先在工作现场逐相验电并挂接地线；验电时应使用绝缘手套，并有专人监护。

(9) 线路经验确实无电后，工作人员应立即在工作地段两端及可能送电的分支线路处挂接地线；挂接地线时要先接接地端，后接导线端；拆线时，次序应相反。

(10) 杆上工作完毕后，应使用脚扣或蹬板下杆；严禁甩掉脚扣、蹬板而从线绳上或抱杆速溜。

(11) 使用喷灯工作时，其油量不得超过容积的 3/4；打气要适当；不得使用漏油、漏气的喷灯。

2. 内线安装电工操作规程

(1) 使用电动工具时，应使用绝缘手套，并站在绝缘垫上；电动工具的外壳必须接地；严禁将电动工具的外壳接地线和工作零线拧在一起插入插座。

(2) 电气设备的金属外壳必须接地，接地线要符合标准。

(3) 在带电设备附近工作时，禁止使用钢卷尺测量。

(4) 用手动弯管器弯管时，要精神集中，操作人员一定要错开所弯的管子，以免被弯管器滑脱摔伤；用火弯管时，必须将沙子炒干，用木塞堵紧管口；加热管子时管口处禁止站人，以防放炮伤人。

(5) 剔槽打眼时，锤把必须牢固，不得松动；錾子应无飞刺，剔混凝土槽、打望天眼时必须带好防护眼镜；使用大锤打眼时，禁止用手掌錾子，必须用大钳掌錾子，以免大锤伤手、伤人；不许戴着手套握锤把；打锤人应站在掌錾子人的侧面，严禁站在对面。

(6) 削线头时刀口要向外，削线时不能过猛，防止削在手指上。

(7) 打管、穿钢丝和穿线时，双方要一呼一应有节奏地进行，不要用力过猛，以免伤手。

(8) 用大锤砸接地体时，要注意有适当高度，往下砸时，要稳、准，注意防止飞锤；扶接地体时要站在侧面，不能摇晃，最好用大钳卡紧，人距接地体要远些，以免被打伤。

(9) 安装灯头时，开关必须接在相线上，灯口螺钉必须接在零线上。

(10) 停电时，必须切断各回线可能来电的电源；不能只拉开断路器进行工作，而必须拉开隔离开关（或刀开关）；使各回线至少有一个明显的断开点。

(11) 在电容器组回路上工作时，必须将电容器逐个对地放电，并接地。

(12) 在停电检修低压回路时，应断开电源，取下熔断器，在刀开关把手上挂“禁止合闸，有人工作”的警示牌。

(13) 工作结束后，工作人员清扫、整理现场，工作负责人要进行周密检查，待全体人员撤离工作现场后，向值班人员详细交代工作内容和问题，并且共同检查，然后办理工作交接班手续。

3. 维修值班电工操作规程

(1) 工作前，必须检查工作、测量仪表和防护用具是否完好。

(2) 任何电器设备未经验电，一律视为有电，不准用手触及。

(3) 不准在运转中拆卸修理电气设备，必须在停车后切断设备电源，取下熔断器，并验明无电后，方可进行工作。

(4) 禁止带负载拉开动力配电箱中的刀开关。

(5) 带电装卸熔断器时，要戴防护眼镜和绝缘手套，必要时要使用绝缘夹钳，并站在绝缘垫上。

(6) 熔断器的容量要与设备和线路安装容量相适应。

(7) 电器或线路被拆除后，对有可能带电的线头必须及时用绝缘布包扎好。

(8) 必须在低压设备上进行带点工作时，要经过领导批准，并要有准人监护，工作时必须按带电工作的有关规定进行，严禁使用铁刀、钢直尺进行工作。

(9) 由专门检修人员修理设备时，值班电工要进行登记；完工后要做好交代并共同检查，方可送电。

(10) 电气设备发生火灾时，要立刻切断电源，不能使用四氯化碳、1211或二氧化碳灭火器进行灭火，严禁用水灭火。

4. 配电室值班电工操作规程

(1) 值班电工必须具备必要的电工知识，熟悉安全操作规程，熟悉供电系统和配电室各种设备的性能和操作方法，并具备在异常情况下采取措施的能力。

(2) 值班电工要有高度的工作责任心。严格执行值班巡视制度、倒闸操作制度、工作票制度、交接班制度、安全用具及消防设备管理制度和出入制度等各项规定。

(3) 不论高压设备带电与否，值班人员不得单人移开或超过栅栏进行工作；若有必要移开时，必须由监护人在场。

(4) 巡视配电装置，进出高压室时，必须将门锁好。

(5) 雷雨天气需要巡视室外高压设备时，应穿绝缘鞋，并不得靠近避雷器与避雷针。

(6) 停电拉闸操作必须按照断路器（或负荷开关等）、负荷侧隔离开关、母线侧隔离开关的顺序依次操作。

(7) 高压设备和大容量低压总盘上的道闸操作，必须由两人执行，并由高级工担任监护。

(8) 电气设备停电后，在未拉刀开关和做好安全措施以前应视为有电，不得触及设备和进入栅栏，以防突然来电。

(9) 工作结束，工作人员要撤离时，工作负责人应向值班人员交代清楚，并共同检查，然后双方办理工作终结签证后，值班人员方可拆除安全设施，恢复送电。

在未办理工作终结手续前，值班人员不准将施工设备合闸送电。

三、安全与文明生产

为了保障人身、设备及社会财产的安全，国家有关部门陆续颁发了一系列的规程和制度，如电气装置安装规程、电气装置检修规程、电气设备运行规程、安全操作规程等，每个电工必须认真学习、严格遵守，才能获得安全保障，以免给本人、家庭带来痛苦。

作为电工，特别是初学者，应该认真参加有关方面组织的安全教育和培训，熟知电气安全规程和电工安全操作规程，掌握电气设备在安装、使用、维护、检修过程中的安全要求，并要学会处理电气事故和扑灭电气火灾的方法，掌握触电急救的技能，特别注意和掌握以下保证安全的几项措施：

（1）任何电气设备在未确认无电以前，应一律作为有电状态下处理和工作。

（2）电气设备的安装必须正确，电气设备要根据说明书中的要求和电气设备安装规程进行安装，严禁带电部分外露。应装设必要的防护罩和联锁装置，以防意外。

（3）尽量避免带电作业，特别是对于初学者；对于危险场所，如工作场地狭窄，工作处附近有带电导体等，决不允许带电作业。

（4）所用电工工具、测量仪表必须完好和准确，对验电笔要反复验证。在电气设备上工作前，切断电源开关及控制设备后，仍需用验电笔测试，待确认电源已被切断后，才能工作。

（5）切断电源开关后，必须挂上标志（停电）牌，必要时派人监视，然后才可以工作，以防他人误操作产生触电事故。

（6）必须严格遵守搭接临时电线的有关规定，严禁乱拉临时线。

（7）应用一类电动工具（如电钻、电动扳手等）时，必须戴绝缘手套，并站在绝缘垫上；配用的隔离变压器必须是双绕组的，且必须接地良好。

（8）熟人同时进行电工作业时，必须有人领班负责及指挥；接通电源前必须由领班发令指挥。

当好一名电工，还应注意举止文明，待人接物注意礼貌，讲究职业道德，严格执行班组的生产及技术管理的各种规章制度，做到工作有目标、有标准、有程序，行为有准则。

工作中做到“四不一坚守”：工作时间不串岗、不闲聊、不影响他人工作，坚守工作岗位，保持正常的工作秩序。

注意个人卫生，防护用品穿戴整齐；关心集体，经常打扫卫生，保持地面整洁；努力建立良好的生产、工作环境和保持正常的生产和工作秩序，为提高工作质量及技术水平作出努力。

附录 B　维修电工安全用电常识

一、电伤和电击

因人体接触或接近带电体，所引起的局部受伤或死亡现象称触电。按人体受伤的程度不同，触电可分为电伤和电击两种。

电伤是指人体外部受伤，如电弧灼伤，与带电体接触后的皮肤红肿以及在大电流下融化飞溅的金属（包括熔丝）未对皮肤的烧伤等。

电击是指人体内部器官受伤。电击是由电流流过人体而引起，人体常因电击而死，所以它是最危险的触电事故。

电击伤人的程度，由流过人体电流的频率、大小、途径、持续时间的长短以及触电者本身的情况而定。实验证明，频率为 25～300Hz 的电流最危险，随着频率的升高，危险性将减小。通过人体 1mA 的工频电流就会使人有麻的感觉；50mA 的工频电流就会使人有生命危险；100mA 的工频电流足以使人死亡。电流通过心脏和大脑时，人体最容易死亡，所以头部触电及左手到右脚触电最危险；另外，人体通电时间越长，危险性越大。

通过人体电流的大小与触电电压和人体电阻有关，而人体电阻与触电部分皮肤表面的干湿情况、接触面积的大小及身体素质有关。通常人体电阻为 800Ω 至几万欧不等，个别人的最低电阻为 600Ω 左右，当皮肤出汗、有导电液或导电尘埃时，人体电阻还要低。

根据 GB 3805—1983，安全电压是防止触电事故而采取的由特定电源提供的电压系列。这个电压系列的上限值，在任何情况下两导体间或任一导体与地之间均不得超过交流（50～500Hz）有效值 50V。

安全电压额定值的等级为 42、36、24、12、6V。但必须注意：42V 或 36V 等电压并非绝对安全，在充满导电粉末或相对湿度较高或酸碱蒸汽浓度大等情况下，也曾发生触电及 36V 电压而死亡的事故。在上述这些情况下，必须使用 24V 或更低等级的电压。

二、电火灾和雷击

电火灾是因输配电线漏电、短路或负载过热等而引起的火灾。它对人民的生命财产有着严重的威胁，应设法预防。

雷击是由带有两种不同电荷的云朵之间，或云朵与大地之间的放电而引起的伤害。它是目前难以避免的一种自然现象。

三、常见的触电原因和方式

常见的触电原因有三种：一是违章冒险，如明知在某种情况下不准带电操作，而冒险在无必要保护措施下带电操作，结果触电伤亡。二是缺乏电气知识，如把普通 220V 台灯移到浴室照明，并用湿手去开关电灯；又如发现有人触电时，不是及时切断电源或用绝缘物使触电者脱离电源，而是用手去拉触电者等。三是输电线或用电设备的绝缘损坏，当人体无意触摸着因绝缘损坏的通电导线或带电金属体时，发生触电。

常见的触电方式有两线触电和单线触电。两线触电时人体受到线电压的作用，最为危险；供电网的中线接地时的单线触电时，人体承受相电压，也很危险；供电网无中线或中线不接地时的单线触电时，电流通过人体进入大地，在经过其他两相对地电容或绝缘电阻流回电源。当绝缘不良或对地电容较大时也有危险。

四、常用安全用电措施

安全用电的原则是不接触低压带电体，不靠近高压带电体。常用的安全用电措施如下：

（一）火线必须接进开关

火线接进开关后，当开关处于分断状态时，用电器上就不带电，不但利于维修，而且可以减少触电机会。此外，接螺口灯座时，火线要与灯座中心的簧片连接，不允许与螺纹相连。

（二）合理选择照明电压

一般工厂和家庭的照明灯具多采用悬挂式，人体接触机会较少，可选用 220V 电压供电；人体接触机会较多的机床照明灯则应选 36V 供电，决不允许采用 220V 灯具做机床照明；在潮湿、有导电灰尘、有腐蚀性气体的情况下，则应选用 24V、12V 甚至是 6V 电压来供照明灯具使用。

（三）合理选择导线和熔丝

导线通过电流时，不允许过热，所以导线的额定电流应比实际输电的电流要大些。而熔丝是做保护的作用，要求电路发生短路时能瞬间熔断，所以不能选额定电流很大的熔丝来保护小电流电路。但也不能用额定电流小的熔丝来保护大电流电路，因为这会使电路无法正常工作。导线和熔丝的额定电流值可通过查找手册获得。

较为常用的聚氯乙烯绝缘平行连接软线（代号是 RVB-70）和聚氯乙烯绝缘双绞连接软线（代号是 RVS-70），适用于交流 250V 以下电气的连接导线。

（四）电气设备要有一定的绝缘电阻

电气设备的金属外壳和导电线圈间必须要有一定的绝缘电阻，否则当人触及正在工作的电气设备（如电动机、电风扇等）的金属外壳就会触电。通常要求固定电气设备的绝缘电阻不低于1MΩ；可移动的电气设备，如手枪式电钻 、冲击钻、台式电扇、洗衣机等绝缘电阻还应高一些。一般电气设备在出厂前，都测量过他们的绝缘电阻，以确保使用者的安全。但是在使用电气设备的过程中，应注意保护电气设备的绝缘材料，预防绝缘材料受伤或老化。

（五）电气设备的安装要正确

电气设备要根据安装说明进行安装，不可马虎从事。带电部分应有防护罩，高压带电体更应有效加以防护，使一般人无法靠近高压带电体。必要时应加联锁装置，以防触电。

在安装手电钻等移动式电具时，其引线和插线都必须完整无损，引线应采用坚韧橡皮或塑料护套线，且不应有接头，长度不宜超过5m。另外，金属外壳必须可靠接地。

（六）采用各种保护用具

保护工具是保证工作人员安全操作的工具，主要有绝缘手套、鞋、绝缘钳、棒、垫等。家庭中干燥的木制桌凳、玻璃、橡皮等也可充做保护用具。

（七）正确使用移动电具

使用手电钻等移动电具时必须戴绝缘手套，调换钻头时需拔下插头。每年取出电扇使用时应检查插头、引线、开关是否完好，绝缘电阻是否达到3MΩ；在移动电扇时应切断电源。不允许将220V普通电灯作为手提照明而随便移动。行灯电压应为36V或低于36V。

（八）电气设备的保护接地或保护接零

正常情况下，电气设备的金属外壳是不带电的，但是在绝缘损坏而漏电时，外壳就会带电。为保证人触及漏电设备金属外壳时不会触电，通常采用保护接地或保护接零的安全措施。

1. 保护接地

将电气设备在正常情况下不带电的金属外壳或构架，与大地之间做良好的金属连接称作保护接地。通常采用深埋在底下的角铁、钢管做接地体。家庭中也可用自来水管做接地体，但应将水管接头的两端用导线连通。接地电阻不得大于4Ω。

保护接地适用于1000V以上的电气设备以及电源中线不直接接地的1000V以下的电气设备。

采用保护接地后，即使人触及漏电的电气设备的金属外壳也不会有危险，因为这时金属外壳已与大地作可靠金属连接，且对地电阻很小，而人体电阻一般比接地电阻大数百到数万倍。当人触及金属外壳时，人体电阻与接地电阻相并联，则漏电机会全部经接地电阻流入大地，从而保证了人身安全。

2. 保护接零

将电气设备在正常情况下不带电的金属外壳或构架，与供电系统中的零线连接，叫做保护接零。保护接零适用于三相四线制中线直接接地系统中的电气设备。

接零后，若电气设备的某相绝缘损坏而漏电时，称该相短路。短路电流立即将熔丝熔断或使其他保护电气动作而切断电源，从而消除了触电危险。

单相用电器（如洗衣机、电烙铁等）所使用的三角插座或三眼插座是左零右火上接地。插头的正确接法是，应把用电器的金属外壳用导线连接在中间那个比其他两个粗或长的插脚上，并通过插座与保护零线相连，但三相供电系统中的中线上却不允许安装熔断器。

错误的保护接零方法，其错误在于将电气的金属外壳直接与接到用电器的零线相连。这种接法有时不但起不到保护作用，反而可能带来触电危险。若零线断裂或熔断丝熔断，则用电器的金属外壳就带电，这当然是危险的。插座或接线板的相线和零线接错的情况下，在其金属外壳上也会呈现电压，所以是不允许的。

为了防止零线断裂，目前在工厂中使用重复接地。所谓重复接地，就是将零线上的一点或多点再次与大地作金属连接。

必须指出的是，在同一供电线路中，不允许一部分电器采用保护接地，而另一部分电器采用保护接零的方法。因为此时若接地设备与某相碰壳短路，而设备的容量较大，所产生的短路电流使熔断器或其他保护电路动作，则零线的电位将升高。这会使零线相连接的所有电气设备的金属外壳都带上可能使人触电的危险电压。

五、触电急救

1. 触电解救

凡遇有人触电，必须用最快的方法使触电者脱离电源。若救护人离开控制电源的开关或插座较近，则应立即切断电源，否则应采用竹竿或木棒等绝缘物强迫触电者脱离电源；也可以用绝缘钳切断电源或带上绝缘手套，穿上绝缘鞋将触电者拉离电源，千万不能赤手空拳去拉还未脱离电源的触电者。在切断电线时还应一根一根的剪，不能两根线一起剪。此外在触电解救中，还应注意高处的触电者触电受伤。

2. 紧急救护

在触电者脱离电源后，应立即进行现场紧急救护并及时报告医院。当触电者还未失去知觉时，应将他抬到空气流通、温度适宜的地方休息。当触电者出现心脏停跳、无法呼吸等假死现象时，不应慌乱，而应争分夺秒地在现场进行人工呼吸或胸外挤压。就是在送往医院的救护车上也不可中断，更不可盲目地给触电者注射强心针。

人工呼吸法适用于有心跳但无呼吸的触电者，其中口对口人工呼吸法的口诀是：病人仰卧平地上，鼻孔朝天颈后仰，首先清理口鼻腔，然后松扣解衣裳。捏鼻吹起要适量，排气应让口鼻畅。吹二秒来停三秒，五秒一次最恰当。

胸外挤压法适用于有呼吸但无心跳的触电者。其口诀是：病人仰卧硬地上，松开领口解衣裳。当胸放撑不鲁莽，中指应该对凹膛。掌跟用力向下按，压下一寸至半寸。压力轻重要适当，过分用力会压伤。慢慢压下突然放，一秒一次最恰当。

当触电者既无心跳也无呼吸时，可同时采用人工呼吸法和胸外挤压法进行急救。其中单人操作时，应口对口吹起两次，约 5s 内完成，在做胸外挤压 15 次（约 10s 内完成），以后交替进行。双人操作时，按前述口诀进行。

六、电火警的紧急处理

（1）发生电火警时，最重要的是先切断电源，然后救火，并及时报警。

（2）应选用二氧化碳灭火器、1211 灭火器、干粉灭火器或黄沙来灭火。但应注意，不要使用二氧化碳喷射到人的皮肤或脸部，以防冻伤或窒息。在没确知电源已被切断时，决不允许用水或普通灭火器来灭火。因为万一电源未被完全切断，就会有触电的危险。

（3）救火时不要随便与电线或电气设备接触，特别要留心地上的电线。

七、防雷击的安全措施

通常在高大建筑物或在雷区的每个建筑的顶部安装避雷针来预防雷击。对于使用室外电视机或收录机的用户，应装避雷器或防雷用的转换开关。在正常天气时将天线接入室内，在雷雨前将天线转接到接地体上，以防因天线引入的雷击。

此外，雷雨时尽量不外出走动，更不要在大树下躲雨，不站立高处，而应下蹲在低凹处且两脚尽量并拢。

八、其他安全用电常识

（1）任何电气设备在位确认无电以前，应一律认为有电，因此不要随便接触电气设备。

（2）不盲目信赖开关或控制装置，只有拔下用电器的插头才是最安全的。

（3）不损伤电线，也不乱拉电线。若发现电线、插头、插座有损坏，必须及时更换。

（4）拆开的或断裂的裸露的带电接头，必须及时用绝缘物包好并置放到人身不易碰到的地方。

（5）尽量避免带电操作，湿手时更应避免带电操作；在必要地带电操作时，应尽量用一只手工作，另一只手可放在口袋中或背后。同时最好有监护人。

（6）当有数人进行电工作业时，应于接通电源时通知他人。

（7）不要依赖绝缘来防范触电。

（8）在带电设备周围严禁使用钢皮尺、钢卷尺进行测量工作。

附录C　维修电工国家职业标准

一、职业概况

1. 职业名称

维修电工。

2. 职业定义

从事机械设备和电气系统线路及器件等的安装、调试与维护、修理的人员。

3. 职业等级

本职业共设五个等级，分别为初级（国家职业资格五级）、中级（国家职业资格四级）、高级（国家职业资格三级）、技师（国家职业资格二级）、高级技师（国家职业资格一级）。

4. 职业环境：室内，室外

5. 职业能力特征

具有一定的学习、理解、观察、判断、推理和计算能力，手指、手臂灵活，动作协调，并能高空作业。

6. 基本文化程度：初中毕业

7. 培训要求

（1）培训期限。全日制职业学校教育，根据其培养目标和教学计划确定。晋级培训期限：初级不少于500标准学时，中级不少于400标准学时，高级不少于300标准学时，技师不少于300标准学时，高级技师不少于200标准学时。

（2）培训教师。培训初、中、高级维修电工的教师应具有本职业技师以上职业资格证书或相关专业中、高级专业技术职务任职资格；培训技师和高级技师的教师应具有本职业高级技师职业资格证书2年以上或相关专业高级专业技术职务任职资格。

（3）培训场地设备。标准教室及具备必要实验设备的实践场所和所需的测试仪表及工具。

8. 鉴定要求

（1）适用对象：从事或准备从事本职业的人员。

（2）申报条件：

初级（具备以下条件之一者）：

1）经本职业初级正规培训达规定标准学时数，并取得毕（结）业证书。

2）在本职业连续见习工作 3 年以上。

3）本职业学徒期满。

中级（具备以下条件之一者）：

1）取得本职业初级职业资格证书后，连续从事本职业工作 3 年以上，经本职业中级正规培训达规定标准学时数，并取得毕（结）业证书。

2）取得本职业初级资格证书后，连续从事本职业工作 5 年以上。

3）连续从事本职业工作 7 年以上。

4）取得经劳动保障行政部门审核认定的、以中级技能为培养目标的中等以上职业学校本职业（专业）毕业证书。

高级（具备以下条件之一者）：

1）取得本职业中级职业资格证书后，连续从事本职业工作 4 年以上，经本职业高级正规培训达规定标准学时数，并取得毕（结）业证书。

2）取得本职业中级职业资格证书后，连续从事本职业工作 8 年以上。

3）取得高级技工学校或经劳动保障行政部门审核认定的、以高级技能为培养目标的高等职业学校本职业（专业）毕业证书。

4）取得本职业中级职业资格证书的大专以上本专业或相关专业毕业生，连续从事本职业工作 3 年以上。

技师（具备以下条件之一者）：

1）取得本职业高级职业资格证书后，连续从事本职业工作 5 年以上，经本职业技师正规培训达规定标准学时数，并取得毕（结）业证书。

2）取得本职业高级职业资格证书后，连续从事本职业工作 10 年以上。

3）取得本职业高级职业资格证书的高级技工学校本职业（专业）毕业生和大专以上本专业或相关专业毕业生，连续从事本职业工作时间满 2 年。

高级技师（具备以下条件之一者）：

1）取得本职业技师职业资格证书后，连续从事本职业工作 3 年以上，经本职业高级技师正规培训达规定标准学时数，并取得毕（结）业证书。

2）取得本职业技师职业资格证书后，连续从事本职业工作 5 年以上。

（3）鉴定方式。鉴定方式分为理论知识考试和技能操作考核。理论知识考试采用闭卷笔试方式，技能操作考核采用现场实际操作方式。理论知识考试和技能操作考核均实行百分制，成绩皆达 60 分以上者为合格。技师、高级技师鉴定还须进行综合评审。

（4）考评人员与考生配比。理论知识考试考评人员与考生配比为 1∶15，每个标准教室不少于 2 名考评人员；技能操作考核考评员与考生配比为 1∶5，且少于 3 名考评员。

（5）鉴定时间。理论知识考试时间为120min。技能操作考核时间为：初级不少于150min，中级不少于150min，高级不少于180min，技师不少于200min，高级技师不少于240min。论文答辩时间不少于45min。

（6）鉴定场所设备。理论知识考试在标准教室进行，技能操作考核应在具备每人一套的待修样件及相应的检修设备、实验设备和仪表的场所里进行。

二、基本要求

1. 职业道德

（1）职业道德基本知识。

（2）职业守则。

1）遵守有关法律、法规和有关规定。

2）爱岗敬业，具有高度的责任心。

3）严格执行工作程序、工作规范、工艺文件和安全操作规程。

4）工作认真负责，团结协作。

5）爱护设备及工具、夹具、刀具、量具。

6）着装整洁，符合规定；保持工作环境清洁有序，文明生产。

2. 基础知识

（1）电工基础知识。

1）直流电与电磁的基本知识。

2）交流电路的基本知识。

3）常用变压器与异步电动机。

4）常用低压电器。

5）半导体二极管、晶体三极管和整流稳压电路。

6）晶闸管基础知识。

7）电工读图的基本知识。

8）一般生产设备的基本电气控制线路。

9）常用电工材料。

10）常用工具（包括专用工具）、量具和仪表。

11）供电和用电的一般知识。

12）防护及登高用具等使用知识。

（2）钳工基础知识。

1）锯削：手锯，锯削方法。

2）锉削：锉刀，锉削方法。

3）钻孔：钻头简介，钻头刃磨。

4）手工加工螺纹：内螺纹的加工工具与加工方法，外螺纹的加工工具与加工方法。

5）电动机的拆装知识：电动机常用轴承种类简介，电动机常用轴承的拆卸，电动机拆装方法。

（3）安全文明生产与环境保护知识。

1）现场文明生产要求。

2）环境保护知识。

3）安全操作知识。

（4）质量管理知识。

1）企业的质量方针。

2）岗位的质量要求。

3）岗位的质量保证措施与责任。

（5）相关法律、法规知识。

1）劳动法相关知识。

2）合同法相关知识。

三、工作要求

本标准对初级、中级、高级、技师、高级技师的技能要求依次递进，高级别包括低级别的要求。

（1）初级：见附表 C-1。

（2）中级：见附表 C-2。

（3）高级：见附表 C-3。

（4）技师：见附表 C-4。

（5）高级技师：见附表 C-5。

四、比重表

（1）理论知识：见附表 C-6。

（2）技能操作：见附表 C-7。

附表 C-1　**初 级 工 作 要 求**

职业功能	工作内容	技能要求	相关知识
一、工作前准备	(一) 劳动保护与安全文明生产	(1) 能够正确准备个人劳动保护用品 (2) 能够正确采用安全措施保护自己，保证工作安全	
	(二) 工具、量具及仪器、仪表	能够根据工作内容合理选用工具、量具	常用工具、量具的用途和使用、维护方法
	(三) 材料选用	能够根据工作内容正确选用材料	电工常用材料的种类、性能及用途
	(四) 读图与分析	能够读懂 CA6140 车床、Z535 钻床、5t 以下起重机等一般复杂程度机械设备的电气控制原理图及接线图	一般复杂程度机械设备的电气控制原理图、接线图的读图知识
二、装调与维修	(一) 电气故障检修	(1) 能够检查、排除动力和照明线路及接地系统的电气故障 (2) 能够检查、排除 CA6140 车床、Z535 钻床等一般复杂程度机械设备的电气故障 (3) 能够拆卸、检查、修复、装配、测试 30kW 以下三相异步电动机和小型变压器 (4) 能够检查、修复、测试常用低压电器	(1) 动力、照明线路及接地系统的知识 (2) 常见机械设备电气故障的检查、排除方法及维修工艺 (3) 三相异步电动机和小型变压器的拆装方法及应用知识 (4) 常用低压电器的检修及调试方法
	(二) 配线与安装	(1) 能够进行 19/0.82 以下多股铜导线的连接并恢复其绝缘 (2) 能够进行直径 19mm 以下的电线铁管煨弯、穿线等明、暗线的安装 (3) 能够根据用电设备的性质和容量，选择常用电器元件及导线规格 (4) 能够按图样要求进行一般复杂程度机械设备的主、控线路配电板的配线及整机的电气安装工作 (5) 能够检验、调整速度继电器、温度继电器、压力继电器、热继电器等专用继电器 (6) 能够焊接、安装、测试单相整流稳压电路和简单的放大电路	(1) 电工操作技术与工艺知识，机床配线、安装工艺知识 (2) 机床配线、安装工艺知识 (3) 电子电路基本原理及应用知识 (4) 电子电路焊接、安装、测试工艺方法

续表

职业功能	工作内容	技能要求	相关知识
二、装调与维修	（三）调试	能够正确进行 CA6140 车床、Z535 钻床等一般复杂程度的机械设备或一般电路的试通电工作，能够合理应用预防和保护措施，达到控制要求，并记录相应的电参数	（1）电气系统的一般调试方法和步骤 （2）试验记录的基本知识

附表 C-2　　中级工作要求

职业功能	工作内容	技能要求	相关知识
一、工作前准备	（一）工具、量具及仪器、仪表	能够根据工作内容正确选用仪器、仪表	常用电工仪器、仪表的种类、特点及适用范围
	（二）读图与分析	能够读懂 X62W 铣床、MGB1420 磨床等较复杂机械设备的电气控制原理图	（1）常用较复杂机械设备的电气控制线路图 （2）较复杂电气图的读图方法
二、装调与维修	（一）电气故障检修	（1）能够正确使用示波器、电桥、晶体管图示仪 （2）能够正确分析、检修、排除 55kW 以下的交流异步电动机、60kW 以下的直流电动机及各种特种电机的故障 （3）能够正确分析、检修、排除交磁电机扩大机、X62W 铣床、MGB1420 磨床等机械设备控制系统的电路及电气故障	（1）示波器、电桥、晶体管图示仪的使用方法及注意事项 （2）直流电动机及各种特种电机的构造、工作原理和使用与拆装方法 （3）交磁电机扩大机的构造、原理、使用方法及控制电路方面的知识 （4）单相晶闸管交流技术
	（二）配线与安装	（1）能够按图样要求进行较复杂机械设备的主、控线路配电板的配线（包括选择电器元件、导线等），以及整台设备的电气安装工作 （2）能够按图样要求焊接晶闸管调速器、调功器电路，并用仪器、仪表进行测试	明、间电线及电器元件的选用知识
	（三）测绘	能够测绘一般复杂程度机械设备的电气部分	电气测绘基本方法
	（四）调试	能够独立进行 X62W 铣床、MGB1420 磨床等较复杂机械设备的通电工作，并能正确处理调试中出现的问题，经过测试、调整，最后达到控制要求	较复杂机械设备电气控制调试方法

附表 C-3　**高级工作要求**

职业功能	工作内容	技能要求	相关知识
一、工作前准备	读图与分析	能够读懂经济型数控系统、中高频电源、三相晶闸控制系统等复杂机械设备控制系统和装置的电气控制原理图	(1) 数控系统基本原理 (2) 中高频电源电路基本原理
二、装调与维修	(一) 电气故障检修	能够根据设备资料，排除 B2010A 龙门刨床、经济型数控、中高频电源、三相晶闸管、可编程序控制器等机械设备控制系统及装置的电气故障	(1) 电力拖动及自动控制原理基本知识及应用知识 (2) 经济型数控机床的构成、特点及应用知识 (3) 中高频炉或淬火设备的工作特点及注意事项 (4) 三相晶闸管变流技术基础
	(二) 配线与安装	能够按图样要求安装带有 80 点以下开关量输入输出的可编程序控制器的设备	可编程序控制器的、控制原理、特点、注意事项及编程器的使用方法
	(三) 测绘	(1) 能够测绘 X62W 铣床等较复杂机械设备的电气原理图、接线图及电气元件明细表 (2) 能够测绘晶闸管触发电路等电子线路并绘出其原理图 (3) 能够测绘固定板、支架、轴、套、联轴器等机电装置的零件图及简单装配图	(1) 常用电子元器件的参数标识及常用单元电路 (2) 机械制图及公差配合知识 (3) 材料知识
	(四) 调试	能够调试经济型数控系统等复杂机械设备及装置的电气控制系统，并达到说明书的电气技术要求	有关机械设备电气控制系统的说明书及相关技术资料
	(五) 新技术应用	能够结合生产应用可编程序控制器改造较简单的继电器控制系统，编制逻辑运算程序，绘出相应的电路图，并应用于生产	(1) 逻辑代数、编码器、寄存器、触发器等数字电路的基本知识 (2) 计算机基本知识
	(六) 工艺编制	能够编制一般机械设备的电气修理工艺	电气设备修理工艺知识及其编制方法
三、培训指导	指导操作	能够指导本职业初、中级工进行实际操作	指导操作的基本方法

附表 C-4　**技师技能要求**

职业功能	工作内容	技能要求	相关知识
一、工作前准备	读图与分析	(1) 能够读懂复杂设备及数控设备的电气系统原理图 (2) 能够借助词典读懂进口设备相关外文标牌及使用规范的内容	(1) 复杂设备及数控设备的读图方法 (2) 常用标牌及使用规范英汉对照表

续表

职业功能	工作内容	技能要求	相关知识
二、装调与维修	（一）电气故障检修	（1）能够根据设备资料，排除龙门刨V5系统、数控系统等复杂机械设备的电气故障 （2）能够根据设备资料，排除复杂机械设备的气控系统、液控系统的电气故障	（1）数控设备的结构、应用及编程知识 （2）气控系统、液控系统的基本原理及识图、分析及排除故障的方法
	（二）配线与安装	能够安装大型复杂机械设备的电气系统和电气设备	具有可频器及可编程序控制器等复杂设备电气系统的配线与安装知识
	（三）测绘	（1）能够测绘经济型数控机床等复杂机械设备的电气原理图、接线图 （2）能够测绘具有双面印刷线路的电子线路板，并绘出其原理图	（1）常用电子元器件、集成电器的功能，常用电路，以及手册的查阅方法 （2）机械传动、液压传动知识
	（四）调试	能够调试龙门刨V5系统等复杂机械设备的电气控制系统，并达到说明书的电气控制要求	（1）计算机的接口电路基本知识 （2）常用传感器的基本知识
	（五）新技术应用	能够推广、应用国内相关职业的新工艺、新技术、新材料、新设备	国内相关职业“四新”技术的应用知识
	（六）工艺编制	能够编制生产设备的电气系统及电气设备的大修工艺	机械设备电气系统及电气设备大修工艺的编制方法
	（七）设计	能够根据一般复杂程度的生产工艺要求，设计电气原理图、电气接线图	电气设计基本方法
三、培训指导	（一）指导操作	能够指导本职业初、中、高级工进行实际操作	培训教学基本方法
	（二）理论培训	能够讲授本专业技术理论知识	
四、管理	（一）质量管理	（1）能够在本职工作中认真贯彻各项质量标准 （2）能够应用全面质量管理知识，实际操作过程的质量分析与控制	（1）相关质量标准 （2）质量分析与控制方法
	（二）生产管理	（1）能够组织有关人员协同作业 （2）能够协助部门领导进行生产计划、调度及人员的管理	生产管理基本知识

附表 C-5　　高级技师技能要求

职业功能	工作内容	技能要求	相关知识
一、工作前准备	读图与分析	(1) 能够读懂高速、精密设备及数控设备的电气系统原理图 (2) 能够借助词典读懂进口设备的图样及技术标准等相关主要外文资料	(1) 高速、精密设备及数控设备的读图方法 (2) 常用进口设备外文资料英汉对照表
二、装调与维修	(一) 电气故障检修	(1) 能够解决复杂设备电气故障中的疑难问题 (2) 能够组织人员对设备的技术难点进行攻关 (3) 能够协同各方面人员解决生产中出现的诸如设备与工艺、机械与电气、技术与管理等综合性的或边缘性的问题	(1) 机械原理基本知识 (2) 电气检测基本知识 (3) 论断技术基本知识
	(二) 测绘	能够对复杂设备的电气测绘制定整套方案和步骤，并指导相关人员实施	常见各种复杂电气的系统构成，各子系统或功能模块常见电路的组成形式、原理、性能和应用知识
	(三) 调试	能够对电气调试中出现的各种疑难问题或意外情况提出解决问题的方案或措施	抗干扰技术一般知识
	(四) 新技术应用	能够推广、应用国内外相关职业的新工艺、新技术、新材料、新设备	国内外“四新”技术的应用知识
	(五) 工艺编制	能够制定计算机数控系统的检修工艺	计算机数控系统、伺服系统、功率电子器件和电路的基本知识，电路的基本知识及修理工艺知识
	(六) 设计	(1) 能够根据较复杂的生产工艺及安全要求，独立设计电气原理图、电气接线图、电气施工图 (2) 能够进行复杂设备系统改造方案的设计、选型	(1) 较复杂生产设备电气设计的基本知识 (2) 复杂设备系统改造方案设计、选型的基本知识
三、培训指导	(一) 指导操作	能够指导本职业初、中、高级工和技师进行实际操作	培训讲义的编制方法
	(二) 理论培训	能够对本职业初、中、高级工进行技术理论培训	

附表 C-6 **比重表理论知识**

项目			初级（%）	中级（%）	高级（%）	技师（%）	高级技师（%）
基本要求	职业道德		5	5	5	5	5
	基础知识		22	17	14	10	10
相关知识	一、工作前准备	劳动保护与安全文明生产	8	5	5	3	2
		工具、量具及仪器、仪表	4	5	4	3	2
		材料选用	5	3	3	2	2
		读图与分析	9	10	10	6	5
	二、装调与维修	电气故障检修	15	17	18	13	10
		配线与安装	20	22	18	5	3
		调试	12	13	13	10	7
		测绘	—	3	4	10	12
		新技术应用	—	—	2	9	12
		工艺编制	—	—	2	5	8
		设计	—	—	—	9	12
	三、培训指导	指导操作	—	—	2	2	2
		理论培训	—	—	—	2	2
	四、管理	质量管理	—	—	—	3	3
		生产管理	—	—	—	3	3
合计			100	100	100	100	100

注 中级以上“劳动保护与安全文明生产”与“材料选用”模块内容按初级标准考核；高级以上“工具量具及仪器、仪表”模块内容按中级标准考核；高级技师“管理”模块内容按技师标准考核。

附表 C-7 **比重表技能操作**

项目			初级（%）	中级（%）	高级（%）	技师（%）	高级技师（%）
技能要求	一、工作前准备	劳动保护与安全文明生产	10	5	5	5	5
		工具、量具及仪器、仪表	5	10	8	2	2
		材料选用	10	5	2	2	2
		读图与分析	10	10	10	7	7

续表

项　目			初级（%）	中级（%）	高级（%）	技师（%）	高级技师（%）
技能要求	二、装调与维修	电气故障检修	25	26	25	15	8
		配线与安装	25	24	15	2	2
		调试	15	18	19	10	5
		测绘	—	2	7	10	9
		新技术应用	—	—	3	13	20
		工艺编制	—	—	4	8	10
		设计	—	—	—	13	16
	三、培训指导	指导操作	—	—	2	2	4
		理论培训	—	—	—	2	4
	四、管理	质量管理	—	—	—	3	3
		生产管理	—	—	—	3	3
合计			100	100	100	100	100

附录D 常用电器图形及文字符号

附表 D-1 常用电器图形及文字符号

类别	名　称	图形符号	文字符号	类别	名　称	图形符号	文字符号
开关	组合旋钮开关	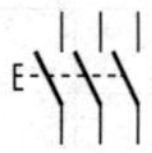	QS	位置开关	动合（常开）触头		SQ
	低压断路器	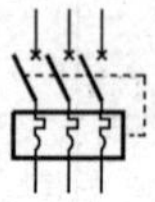	QF		动合（常闭）触头		SQ
	控制器或操作器开关	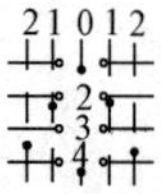 2 1 0 1 2 2 3 4	SA		复合触头		SQ
按钮	动合（常开）按钮	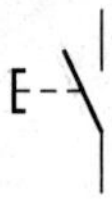	SB	中间继电器	线圈	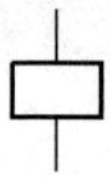	KA
	动断（常闭）按钮	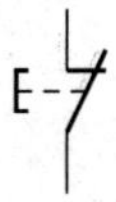	SB		动合（常开）触头		KA
	复合按钮	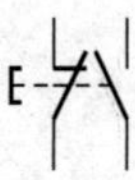	SB		动断（常闭）触头		KA

续表

类别	名　称	图形符号	文字符号	类别	名　称	图形符号	文字符号
接触器	线圈操作器件		KM	电流继电器	过电流线圈	I>	KA
	动合（常开）主触头		KM		欠电流线圈	I<	KA
	动合（常开）辅助触头		KM		动合（常开）触头		KA
	动断（常闭）辅助触头		KM		动断（常闭）触头		KA
时间继电器	通电延时（缓吸）线圈		KT	速度继电器	速度继电器动合（常开）触头	n	KS
	断电延时（缓放）线圈		KT		压力继电器动合（常开）触头	p	KP
	瞬时闭合的动合（常开）触头		KT	熔断器	熔断器		FU
	瞬时断开的动合（常开）触头		KT				
	延时闭合的动合（常开）触头	或	KT				
	延时断开的动断（常闭）触头	或	KT				

参 考 文 献

[1] 高玉奎．维修电工问答．北京：机械工业出版社，2006.

[2] 常文平．电工实习指导．北京：机械工业出版社，2006.

[3] 赵国良．维修电工．北京：中国劳动社会保障出版社，2007.

[4] 徐春霞，艾克木·尼乐孜．维修电工．北京：机械工业出版社，2011.

[5] 许廖．电机与电气控制技术．北京：机械工业出版社，2012.

[6] 职业技能培训鉴定教材·电工．北京：中国劳动社会保障出版社，2009.

[7] 陈亚南．维修电工技能实训项目教程．北京：机械工业出版社，2012.

[8] 梁强．维修电工鉴定培训教材．北京：中国电力出版社，2012.

电机控制设备实际应用展示

数控加工中心设备

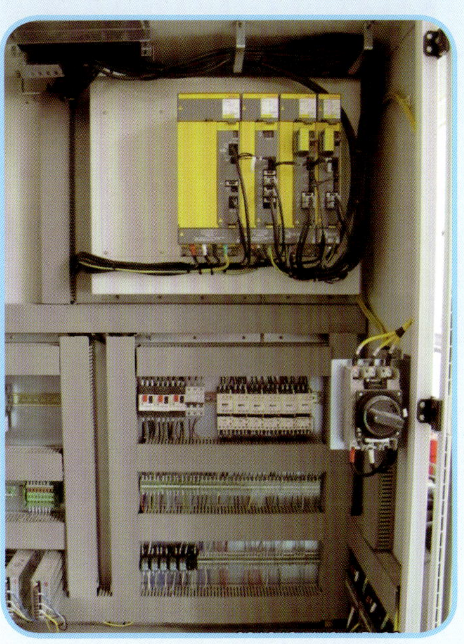

数控加工中心电气控制柜

数控铣床电气控制柜

数控铣床设备

数控车床设备

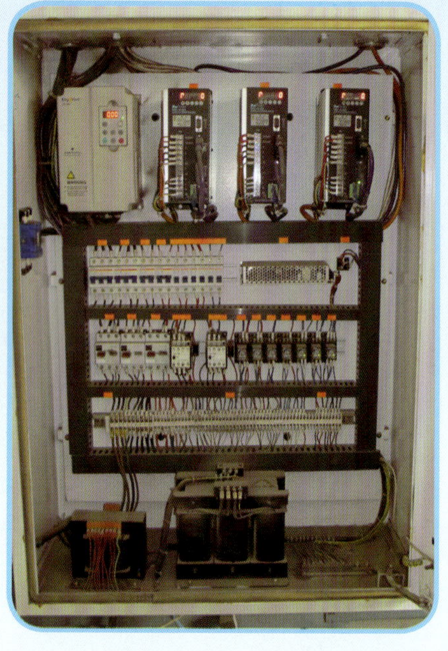

数控车床电气控制柜

普通车床设备

普通车床设备电气控制箱